珠宝鉴赏
JIANSHANG

中国地质大学出版社有限责任公司
ZHONGGUO DIZHI DAXUE CHUBANSHE YOUXIAN ZEREN GONGSI

图书在版编目(CIP)数据

珠宝鉴赏/肖秀梅,刘道荣编著.—武汉:中国地质大学出版社有限责任公司,2012.5
(非常宝贝系列)

ISBN 978-7-5625-2883-8

Ⅰ.①珠…

Ⅱ.①肖…②刘…

Ⅲ.①宝石-鉴赏-基本知识

Ⅳ.①TS933.21

中国版本图书馆CIP数据核字(2012)第107504号

珠宝鉴赏(非常宝贝系列)		肖秀梅 刘道荣 编著
责任编辑:蒋海龙	选题策划:薛大桥	责任校对:戴莹

出版发行:中国地质大学出版社有限责任公司	邮编码编:430074
（武汉市洪山区鲁磨路388号）	
电话: (027) 67883511 　传真:67883580	E-mail: cbb @ cug.edu.cn
经销:全国新华书店	http://www.cugp.cug.edu.cn

开本:787mm×960mm 1/16	字数:127千字	印张:6.5
版次:2013年1月第1版		印次:2013年1月第1次印刷
印刷:武汉中远印务有限公司		

ISBN 978-7-5625-2883-8	定价:30.00元

如有印装质量问题请与印刷厂联系调换

前　言

人类自从有历史记载以来，就在不断地探索和追求着珠宝。珠宝是大自然为人类创造的奇迹，它虽然体积小，但它的魅力和价值吸引了一代又一代人，它给人类不仅带来了财富，而且带来了荣耀。近年来，珠宝的价值虽然逐年攀升，人们追求珠宝的欲望却有增无减，珠宝成为人们生活中不变的追求。我们在平时工作中经常遇到一些消费者对珠宝知识的咨询，他们非常渴望学习一些珠宝方面的知识，笔者为了满足喜爱珠宝的仁人志士的愿望，编写了本书，希望给读者提供有益的帮助。

本书从珠宝的定义、分类，珠宝在自然界形成的条件，常见的珠宝玉石的魅力、特点以及在市场中的状况和世界各地的产出特点等方面对其进行了详细的介绍。为了让读者了解珠宝的魅力，书中还介绍了世界上一些有名的宝石品种，希望读者朋友在阅读本书的过程中，不仅能够掌握一定的珠宝知识，而且从中感受到珠宝的魅力，获得精神上的愉悦。本书在编写过程中得到天津地质研究院珠宝鉴定部、珠宝街的大力支持，在此一并感谢！

目 录

珠宝宝石概述

珠宝玉石　　　　　　　　2

珠宝玉石分类　　　　　　2

成为珠宝玉石之必备条件　4

珠宝玉石之美　　　5

宝石之王——钻石

认识钻石　　　8

钻石因何昂贵　　9

钻石的特性　　　10

产钻石的国家　　12

名钻鉴赏　　　13

彩色宝石，缤纷世界

火红色的爱情红宝石　　　18

红宝石的姊妹石——蓝宝石　22

绿色宝石之王——祖母绿　　27

神奇的宝石——金绿宝石　　35

绚丽多姿的碧玺　　38

红宝石的伴侣——尖晶石　　40

清新淡雅的绿柱石　　42

最大众化的宝石——水晶　　43

多变的长石　　45

具有异国情调的宝石——托帕石　48

像石榴籽的宝石——石榴石　　50

太阳的宝石——橄榄石　　52

后起之秀——坦桑石　　54

第四章　有机宝石

宝石皇后——珍珠　57
千年灵物——珊瑚　59
石化的树脂——琥珀　61
长命吉祥——象牙　64

温润玉石

玉石之王——翡翠　67
古老文明的代表——和田玉　73
变彩的欧泊　78
品种繁多的玉石——石英质玉石　80
分布最广的玉石——蛇纹石玉　83
娇艳的绿松石　84
富有的标志——青金石　85
儿童的护身符——孔雀石　86
南阳之玉——独山玉　88
认识几种不常见的玉石　89

贵金属

黄金　93
铂金　94
白银　95
钯金　96

珠宝玉石概述

古人给宝玉石赋予了神秘的色彩，认为宝玉石具有超自然的能力，可以庇佑人类，使人们逢凶化吉。今天人们购买宝玉石有的为了装饰，有的作为特殊的纪念，有的为了把玩，有的作为收藏，追求的是物质和精神的满足。那么珠宝究竟是什么，有那些品种，以下为您一一道来。

珠宝玉石

目前根据我国现行珠宝行业国家标准，珠宝玉石是指一切经过琢磨、雕刻后可以成为首饰或工艺品的材料，是天然珠宝玉石和人工宝石的统称，简称宝石。

彩色宝石坠

珠宝玉石分类

天然珠宝玉石包括天然宝石、天然玉石和天然有机宝石，人工宝石包括合成宝石、人造宝石、拼合宝石和再造宝石。

天然宝石

天然宝石是指自然界产出的美丽、耐久、稀少和具有工艺价值的可加工成工艺品的矿物单晶体或双晶体。天然宝石主要有钻石、红宝石、蓝宝石、祖母绿、金绿宝石、碧玺、海蓝宝石、尖晶石、石榴石、水晶、长石、橄榄石、托帕石、坦桑石等。

天然宝石菱锰矿晶簇

翡翠金蝉雕件

天然玉石

天然玉石是指自然界产出的美丽、耐久、稀少和具有工艺价值的矿物集合体，少数为非晶质体。主要品种有翡翠、和田玉、岫玉、独山玉、玛瑙、玉髓、青金石、孔雀石、绿松石、苏纪石等。

天然有机宝石

天然有机宝石是指由自然界生物生成，部分或全部由有机质组成，可用于制作首饰及装饰品的材料，主要有珍珠、珊瑚、琥珀、象牙等。

人工宝石

人工宝石是指完全或部分由人工生产或制造，用作首饰及装饰品的材料。

合成宝石是指完全或部分由人工制造且自然界有已知对应物的晶质体或非晶质体，其物理性质、化学成分和晶体结构与所对应的天然珠宝玉石基本相同。

人造宝石是指人工制造且自然界无已知对应物的晶质体或非晶质体，如人造钛酸锶，到目前为止只有人工制造出来的，在自然界还没有发现这种物质。

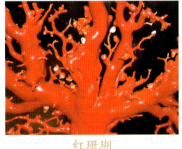
红珊瑚　　　　　　合成红宝石戒面　　　　　　
再造琥珀

拼合宝石是指由两块或两块以上材料经人工拼合而成，给人以整体的感觉的宝石。如常见拼合石榴石，上面为石榴石，下面为玻璃，中间用树脂粘合，但外观是一个完整的宝石。

再造宝石

再造宝石是通过人工手段将天然珠宝玉石的碎块熔接或压结成具整体外观的珠宝玉石。常见的再造宝石有再造琥珀。

不论再造宝石还是拼合宝石，其目的都是为了充分利用天然的宝石材料，这两种宝石外观都很美丽，但是在价格上它们比纯天然的宝石要低。

成为珠宝玉石之必备条件

宝石是矿物中的精华,自然界发现的矿物有3000多种,能作为宝石的矿物只有200多种,而最常见的也就20多种。因而能够成为宝石必须具备3个条件,即美丽、耐久和稀少。

美丽

宝石的美丽在于它们有美丽的颜色,耀眼的光泽,通透、细腻温润、坚韧的质地,迷人的光学效应。颜色的美是珠宝玉石中非常重要的因素。红如鸽血的红宝石、赏心悦目的祖母绿使得世界各国的人们为之倾倒。美丽的光泽使宝石光芒四射,灿烂无比。最具代表性的宝石是钻石,钻石虽然没有颜色,但却是宝石之王,这主要是钻石的金刚光泽使得钻石闪闪发光,因此成为人们的最爱。透明的宝石美在清澈通透,如水晶是大众青睐的宝石,美在它的通透,使水晶内部的各种包体一览无遗,出现各种梦幻诡异的效果,使人产生无限的遐想。特殊光学效应的美在于宝石的外观有特殊的光学效果,更增加了宝石的美感。

水滴形钻石

祖母绿原石晶体

耐久

世界上虽然有一部分石头具有美丽的颜色,但由于它们的耐久性差,所以在很大程度上都不能作为主要的宝石。常见的如萤石,尽管它有着碧玺一样的颜色,但是由于它的硬度小,解理发育,容易损坏,一直都不能成为宝石中的名门望族。还有就是大理岩玉,这种玉石的白度、润度、细腻程度都比较

圆形阿卡红珊瑚戒

好，也是由于硬度小，解理发育，所以也得不到大众的认可，只是一种低档的玉石，最终的结果常常是扮演不光彩的角色——仿白玉。

稀少

物以稀为贵，宝石最大的特点就是在自然界产出非常稀少。大自然造就了上千种矿物，但能作为珠宝玉石的只有屈指可数的几十种，可见珠宝是非常稀少的，因此价格不菲。我们在市场上见到的多为小颗粒的宝石，颗粒越大，价格越高。钻石重量达到一克拉，价格会很高。如果达到几克拉，价格更是高得惊人。

珠宝玉石之美

当我们走进珠宝的殿堂时，总是为珠宝的美丽赞叹不已，被它们的美丽所折服，因而总是不惜重金去购买它们，从而达到拥有它们的目的。珠宝的美通过颜色、透明度、光泽、质地、特殊光学效应、加工工艺等表现出来。

大自然造就的宝石，颜色丰富多彩，不论颜色纯正与否，总是让人感觉那么舒服欢心；透明的单晶体宝石晶莹瑰丽，光芒四射；半透明到不透明的宝石要么具有美丽的光学效应，要么具有美丽的图案、花纹。玉石之美在于细腻温润、柔韧的质感和不一样的文化内涵。有机宝石的美在于它与生俱来的和生命的相关性，是最贴近人体的宝石。加工工艺则使得宝石的美体现到极致，好的加工工艺甚至可以掩盖一些缺陷，起到化腐朽为神奇的作用。宝石的美还在于能美化生活，能长久保存。过去宝石是迷信、权力、富

黄龙玉雕件《童子戏佛》

贵的象征,今天珠宝成为人们结婚的信物、生日的礼物、纪念的物件。经过几千年历史的积淀,每一种宝石都有一个特别的寓意,因而佩戴不同的宝石传达给人们的是不同的含义。人们可以根据个人的情况而选择不同的宝石。珠宝作为精神信念的载体,承载着人们美好的祝福和希望。不管怎样,它们给人们带来积极的暗示作用,使人们的心灵向着健康的方向发展。金、银、铂的美丽在于金光闪烁,富贵华丽,而且具有金融避险功能。

黄色珍珠项坠

红碧玺项坠

宝石之王——钻石

　　钻石有很多神话般的传说,它被视为勇敢、权利、地位和尊贵的象征。今天人们把它看成爱情和忠贞的象征,四月的生辰石。

认识钻石

圆形钻石

群镶钻石戒

群镶钻石方戒

钻石的定义

钻石是极其珍贵的,有宝石之王的美称。钻石是达到宝石级的金刚石,金刚石是一种天然矿物,是钻石的原石。金刚石是在地球深部高温、高压条件下形成的一种由碳元素组成的单晶体。

源远流长的钻石文化

关于钻石有好多神话般的传说和一些宗教色彩的崇拜,它被视为勇敢、权力、地位和尊贵的象征。在希腊,传说钻石分布在山谷中,由巨蟒看守,巨蟒的眼睛能发出强烈的光,把所有接近的人用光烧死。机智的亚历山大利用镜子把巨蟒的目光反射回它自己的身上,将巨蟒杀死。然后又将肉块丢到山谷中以粘住钻石,并引诱秃鹰前来捕食,然后追杀秃鹰,将其杀死而获得钻石。过去钻石是权力和地位的象征,历史上一些大的钻石都被皇家和贵族所拥有。今天人们更多地把它看成是爱情和忠贞的象征、四月的生辰石,而结婚65周年被称为钻石婚。

钻石原石

钻石因何昂贵

钻石形成难

钻石是在地球的深部大约120~200km，压力为4万~6万个大气压，温度为1100~1600摄氏度条件下由碳元素结晶形成的。在地球深部形成的钻石，人们是无法找到和开采的，要等火山喷发，将深部形成的钻石带到地球浅层及表面，并且等钻石富集并达到一定规模时，才能称得上是矿，才能进行开采，这也叫钻石原生矿。钻石的原生矿体一般存在于两种岩石中，一种为钾镁煌斑岩，另一种为金伯利岩。根据地质学对钻石矿床的研究发现，火山把钻石送到地表是在45亿年前，而最近的一次是在4500年前。

钻石矿床寻找难

找寻钻石矿床是非常艰辛的，地勘工作者一般要花上几十年，甚至上百年勘探探寻，耗资巨大。如原苏联原生金刚石矿床的探寻，从1913年开始，历经了18年的艰苦探寻才发现；加拿大西北部的金刚石矿床不但经历了几代地质学家的苦苦探寻，而且耗资达几亿美元才最终被发现。

钻石矿床开采难

钻石有原生矿和次生矿两种，前面我们已经介绍了原生矿，次生矿是指含有钻石的岩石在自然条件下风化后，钻石残留在山坡，或被河流带到河床、海滩上、海中并富集形成的矿床。

钻石矿开采现场

由于钻石所形成的地理环境不同，有不同的开采方法，有露天开采、坑道开采、海底采矿。

露天开采：主要在近地表进行开采。开采时除去表层浮土，对含矿砂层进行认真选矿，平均200t砂石中才可以选出1ct（0.2g）钻石原石。

坑道开采：沿矿脉旁打竖井，然后由竖井横向挖向矿脉，再将矿石运到地表，破碎、分选将钻石选出。目前南非金伯利矿开采深度达900m。

海底采矿：采用先进的海上采矿技术，对海底含矿石的矿砂进行分选。戴比尔斯海上矿产公司在纳米比亚离海岸35 000m、水深110m的海底采钻石达400万ct。

钻石的矿石品位极低

钻石的产量很低，在开采出的金刚石中，平均只有20%达到宝石级，而其余80%只能用于工业。曾有人粗略统计发现，挖掘约250t矿石，才能得到1ct磨好的钻石。由此可见钻石是非常珍贵的，因而价格较高。

钻石的特性

钻石的矿物名称为金刚石，其成分为碳，是唯一由单一元素组成的宝石。钻石的颜色有白色、粉色、蓝色、绿色、黄色、褐色等，我们平常见

粉色圆形钻石

绿色心形钻石

到的钻石多是白色的，彩色钻石非常稀少，因此非常珍贵，价值连城。

钻石的原始晶体形态多呈八面体、菱形十二面体、四面体及它们的聚形。我们平常见到的都是切磨好的形状，即依据钻石原石的外形，将钻石切割成各种不同形状。最受大家欢迎的形状有圆形、椭圆形、心形、梨形、榄尖形、方形、三角形及祖母绿形。其中圆形，是最经典的、最能完美体现钻石美的形状。

钻石原石

钻石具有强的金刚光泽，是所有宝石中光泽最强的。钻石的摩氏硬度为10，是天然矿物中硬度最高的。绝对硬度是石英的1000倍，刚玉的150倍。除此之外，钻石具有高折射率、高色散，它的折射率和色散在所有宝石中几乎是最高的，只有三四种宝石比它高。这些性质使得钻石具有美丽的光泽和火彩。钻石具有一组完全解理，用力碰撞也会碎裂。钻石具有强的热导性。钻石具有发光性，日光暴晒后，夜晚能发出淡青色磷光。因此，钻石可以称为世上最高级的夜明珠。在X射线照射下，大多数钻石会发出天蓝色或浅蓝色的荧光，极少数不发荧光。钻石的化学性质很稳定，在常温下任何东西都不会腐蚀它。这些特点就使得钻石具有永久流传的价值。钻石内部常含有一些矿物包体，常见的有镁铝榴石、金刚石、石墨、尖晶石、橄榄石等矿物包体。

红色盾形钻石

公主型浅黄色钻石

小贴士

包体是指包含在宝石内部的细小的物体。有液态的、气态的，也有固态的。是在形成宝石过程中就包裹在其中的。

产钻石的国家

钻石坠

各种花式切工的钻石

18K 紫金钻戒

世界上已有 27 个国家出产钻石，产量前五位的国家是澳大利亚、刚果（金）、博茨瓦纳、俄罗斯、南非。这五个国家的钻石产量占全世界钻石产量的 90% 左右。其他产钻石的国家有、巴西、圭亚那、委内瑞拉、安哥拉、中非、加纳、几内亚、科特迪瓦、利比利亚、纳米比亚、塞拉利昂、坦桑尼亚、津巴布韦、印度尼西亚、印度、中国、加拿大等。

印度是世界上最早发现钻石的国家，历史上许多著名钻石如光明之山、奥尔洛夫、大莫卧儿等都来自印度，但目前印度的钻石产量很小。1725 年巴西钻石的发现及开采，取代印度成为当时全球钻石的最重要产地。1867 年以后，南非发现了钻石矿，很快成为世界上最重要的钻石生产国。南非钻石以颗粒大、品质优而著名，产量虽不及澳大利亚等国，但产值一直居世界前列。五十几年前，南非的钻石产量居世界首位，所以常有顾客问"这颗钻石是南非钻石吗？"世

蓝色圆形钻

界上最大的钻石库里南重3106ct，是1905年在南非发现的。澳大利亚从1979年发现金刚石起到1986年，其金刚石产量已居第一位，但宝石级的钻石仅占其产量的5%。博茨瓦纳盛产优质金刚石，宝石级的钻石占50%，其产值居世界首位。俄罗斯的钻石有一半能达到宝石级。

中国是钻石资源较少的国家。1950年，在湖南沅江流域首次发现具有经济价值的金刚石砂矿，品位低，分布零散，但质量好，宝石级钻石占40%左右；20世纪60年代，在山东蒙阴找到了金刚石原生矿，品位高，储量大，但质量较差，宝石级钻石约占12%，颜色一般偏黄，以工业用金刚石为主；70年代初，在辽宁南部瓦房店找到我国最大的原生金刚石矿，矿石储量大，质量好，宝石级钻石产量高，约占50%以上。目前我国现存发现的最大钻石为常林钻石，1977年12月21日由山东常林大队魏振芳发现，取名"常林钻石"。常林钻石重158.786ct，呈八面体，质地洁净、透明、淡黄色。传说中国曾有一粒金黄色的金鸡钻石，重281.25ct，但在"二战"期间被日军掠走，至今下落不明。

名钻鉴赏

名钻库里南Ⅰ号

钻石之美不仅在于它有耀眼的光泽和高贵稀有的品质，还在于世界上的一些有名钻石的传奇色彩。世界上最为有名的五大钻石分别是库里南钻石、摄政王钻石、南非之星钻石、希望钻石和光明之山钻石。由于这些钻石都有一段传奇的色彩，令人产生无限的遐想。

库里南钻石

世界上最大的钻石是库里南钻石，原石重3106ct。库里南钻石以钻石矿主的名字命名，是在1905年1月25日发现的，后来坦桑尼亚政府以100万美金买下后送给英王爱德华七世。经过切割师数月的研究设计，3个人每天工作十几个小时，历时8个月将原石加工和琢磨成105块钻石，其中最大的一块呈梨形，重530.20ct，被命名为伟大的非洲之星，也就是库里南Ⅰ号，镶嵌在英国国王的拐杖上。库里南Ⅱ号重317.4ct，呈垫形，被镶嵌在英国国王的王冠上。

摄政王钻石

摄政王钻石重140.5ct，无色，

蓝色希望钻石

椭圆形，原产于印度，现收藏于法国巴黎卢浮宫阿波罗艺术馆。

传说在1701年，印度某金刚石矿的一个奴隶找到一颗重约400ct的金刚石，他割破自己的大腿，将钻石藏进去，然后缠上绑带，逃出了矿区，但后来他在出海的船上被船长抢走宝石并葬身大海。船长将这块宝石卖给了宝石商人。经过几次转手，这粒钻石最终落户法国。这颗特大型金刚石就是现在的世界著名巨钻——摄政王钻石。

南非之星钻石

南非之星钻石重47.55ct，无色，梨形，原产于南非，是一颗极优质钻石，原钻石重83.5ct。南非之星钻石是在1866年由南非金伯利城的一个女孩捡到并转送他人。后来经过多次转手，以当时的价值12 500英磅卖给一家公司。金伯利城有金刚石的消息在整个南非迅速传开，并传遍了全世界。世界各国的觅宝者、商人等纷纷来到金伯利寻找金刚石，人们发现金伯利附近的河流冲积物里有金刚石，就顺河追索，最后在附近发现了金刚石原生矿，从此南非成为世界钻石的主要

名钻摄政王

名钻南非之星

名钻库里南Ⅱ号

产地。南非之星钻石拉开了南非钻石的序幕，具有里程牌的意义。

希望钻石

希望钻石重 44.52ct，深蓝色，椭圆形，原产于印度西南部，是极其罕见的稀世珍品，现存于美国华盛顿史密森博物馆。

据说最早是由法国探险家兼珠宝商塔维密尔在印度西南部得到这块重 112ct 的蓝色钻石原石，塔维密尔将宝石带回国献给了国王路易十四。传说中的噩运从此降临到每位接触过这粒钻石的人身上。塔维密尔的财产被他的儿子花得精光，以至于他在老年时穷得身无分文，最终被野狗咬死了。国王路易十四最钟爱的孙子死于暴病，他后来连吃败仗，不久就患天花死去。继位的法王路易十五将希望钻石送给他的情妇佩戴，结果，她在法国大革命中被砍了头。这颗蓝色大钻又传给了法王路易十六，路易十六夫妇双双被送上了断头台。

后来这粒蓝色的大钻于 1792 年在法国的国库中被盗。1830 年在伦敦的珠宝市场上再度出现时，它已被重新琢磨为 45.52ct，当时被银行家霍普(Hope)买去，价值 18 000 英镑。从此，这颗蓝钻就叫做"霍普"。由于英文 Hope 又是希望的意思，故此钻又名"希望"。银行家霍普后将蓝钻传给外孙，此后"希望"又被转卖了多次。

1911 年，美国华盛顿的麦克兰用 11.4 万美元购买了"希望"，第二年，他的儿子在一次车祸中丧生，麦克兰先生不久也死去，他的女儿也因服用安眠药过量而死。麦克兰夫人于 1947 年去世。最后，1958 年美国的另一位富

名钻光明之山

翁,著名的珠宝商温斯顿先生买下了这颗宝石,他将这颗宝石作为珍贵的厚礼无偿献给了美国华盛顿史密森博物馆,供游人观赏。自从进了博物馆,附着在"希望"身上的恶梦也终于结束。

光明之山钻石

"光明之山"重108.97ct,无色,椭圆形,原产于印度戈尔康达,"光明之山"的原石据说重800ct,磨制后成为191ct的大钻,后来又被重新磨制为108.97ct。这颗大钻石原来归印度莫卧儿皇帝所有,1739年被波斯皇帝纳狄尔夺走。1747年纳狄尔被暗杀,贵族阿贝德尔趁机抢夺了这颗钻石。1849年英国总督夺取了这颗宝石,并在后来贡献给了英国维多利亚女王。最后,光明之山钻石被永久镶嵌在了英王的皇冠上。

彩色宝石，缤纷世界

　　彩色宝石也称有色宝石，是宝石大家族中除钻石以外所有颜色宝石的总称。彩色宝石不是一种宝石，而是由数十乃至上百种宝石共同构成的一类宝石。

火红色的爱情红宝石

红宝石的英文名称为 Ruby，源自拉丁文，意思是红色。红宝石的矿物名称为刚玉。

红宝石文化传说

红宝石颜色鲜红、艳丽，是"红色宝石之冠"。过去人们认为红宝石是上帝创造的所有宝石中最珍贵的宝石。传说佩戴红宝石的人将会健康长寿、爱情美满、家庭和谐。最有意思的传说是过去的武士在上战场时，在身上割开一个小口，将一粒红宝石嵌入其内，这样可以达到刀枪不入的目的。由于红宝石浓艳的色彩，国际宝石界把红宝石定为"七月生辰石"，是高尚、爱情、仁爱的象征。人们又称其为爱情之石，将其作为结婚40周年(红宝石婚)的纪念品。很多国家帝王的王冠都以红宝石作为装饰品，如英国女王、伊朗国王、俄国沙皇的王冠；我国在明、清两代，红宝石大量用于宫廷首饰，民间佩戴者也逐渐增多。慈禧太后的殉葬品中有大量的红宝石，如朝珠、首饰等。清代亲王与大臣等官衔以顶戴宝石种类区分。其中亲王与一品官为红宝石，三品官为蓝宝石。

温莎公爵夫人的红宝石

黄金镶嵌红宝石手镯

红宝石戒

红宝石戒

红宝石项链

红宝石戒

弧面形 红宝石戒

红宝石特征

红宝石的颜色是红色到粉红色，红色鲜艳的是比较好的，但是大部分红宝石颜色都是粉红色。最好的红宝石颜色像鸽子的血液一样，俗称"鸽血红"，是宝中之宝。红宝石质地坚硬，硬度仅在金刚石之下。红宝石的原生态的形状常呈桶状、短柱状、板状等。我们平常所见到的红宝石都是加工师傅经过精心磨制的。有一部分红宝石也多成集合体状态出现，多为粒状或致密块状。红宝石是透明至半透明，玻璃光泽至亚金刚光泽，二色性明显，常见的两种颜色有：紫红与褐红，深红与红，红与橙红，玫瑰红与粉红。此外，红宝石还可出现特殊光学效应，如星光效应，即在光的照射下会反射出迷人的六射星光或十二射星光。但红宝石存在裂纹发育，可能接触过宝石的人都听到过这样的说法"十宝九裂"，意思是指大多数宝石均有裂纹、绺裂等，特别纯净、完美的红宝石非常少见。红宝石在长、短波紫外线照射下发红色及暗红色荧光。

红宝石的盛产地

红宝石主要分布于缅甸、泰国、斯里兰卡、越南、印度、柬埔寨、坦桑尼亚、中国等地。不同产地的红宝石也有一些不同。

缅甸 缅甸红宝石颜色为鲜艳的玫红色—红色，但一般颜色分布不均匀，常成浓淡不一的絮状、团块状，同时具有一种

珍珠红宝石项链

流动的漩涡状特点。高质量的缅甸红宝石颜色好，常常具有丝状金红石包体，并且具有纯正的红色荧光。颜色中最好的就是"鸽血红"色，是一种色彩饱和度高的纯正红色。

泰国 泰国也是世界上重要的红宝石产出国，颜色较深，透明度低，多是浅棕红色至暗红色。颜色分布比较均匀，色带少见，不含金红石，没有星光红宝石品种。常见指纹状包体。

斯里兰卡 斯里兰卡红宝石颜色非常丰富，几乎包括浅红—红的一系列中间过度颜色，色带发育。质量好的品种颜色多为樱桃红色，透明度较高，略带粉、黄色调。斯里兰卡红宝石以透明度高，颜色柔和而闻名。

越南 越南红宝石总的来说比缅甸红宝石颜色深而比泰国红宝石浅，主要为紫红色、红紫色、暗粉紫色。有不同颜色的色带出现，愈合裂隙发育，裂隙中出现褐铁矿浸染的橘红或橘黄色斑点。

卡门·露西娅红宝石

红宝石戒面

红宝石晶体

坦桑尼 坦桑尼亚红宝石颜色多为红到紫红色，部分为橙红色。多见色带和生长条纹，裂隙发育。

中国 我国红宝石主要产地有安徽、青海、黑龙江、云南等地，其中云南红宝石质量较好，颜色有浅红色、紫红色、红色，以玫红色为主，颜色较为浓艳均匀。裂纹、绺裂多见。原始晶体多为不规则粒状，一般粒度多为1～10mm。

名品鉴赏

红宝石之不仅美在它温暖的红色，而且具有星光一样迷人的光彩和坚硬的质地，因此也一直是世界各国皇室贵族和富商名媛喜爱的宝石。优质的红宝石非常少，一般超过3～4ct的优质的红宝石就已经很少见了。世界上有名的红宝石有：英格兰皇冠上的爱德华兹红宝石，重167ct；斯里兰卡产的著名星光红宝石，重138.7ct，收藏于美国国立博物馆；世界上最大的星光红宝石是印度拉贾拉那星光红宝石，该宝石重达2 457ct，具有六射星光，圆顶平底琢型；"卡门·露西娅"重23.1ct，镶嵌在一个由碎钻作点缀的白金戒指上，不仅体积名列世界宝石前几位，而且颜色绚烂无比。1991年，我国山东省昌乐县发现一颗红、蓝宝石连生体，重67.5ct，被称为"鸳鸯宝石"，称得上奇迹。

小贴士

多色性是指彩色宝石随观测方向的不同呈现不同的颜色。单折射的宝石没有多色性。双折射的彩色宝石有多色性，有的宝石的多色性表现为两种颜色，有的宝石的多色性表现为三种颜色。所以利用宝石的多色性就可以区别不同宝石的品种。宝石的多色性在玉石中没有表现，只有带有颜色的彩色宝石才有，但多色性也有明显和不明显或强弱的差别。

红宝石的姐妹石——蓝宝石

蓝宝石晶体

蓝宝石英文名称为 Sapphire，源于拉丁文 Spphins，意思是蓝色。蓝宝石与红宝石同属于刚玉族宝石，颜色主要以蓝色为主，所以称为蓝宝石。

蓝宝石文化传说

国际宝石界把蓝宝石定为"9月生辰石"，象征忠诚与坚贞。据说蓝宝石能保护国土和君王免受伤害，有"帝王石"、"天国之石"的美称。蓝宝石以其晶莹剔透和美丽的颜色，被古代人们蒙上神秘的、超自然的色彩，被视为吉祥之物。早些时候蓝宝石被用来装饰教堂和寺院，它也曾与钻石、珍珠一起成为英国国王、俄国沙皇皇冠和礼服上不可缺少的饰物。蓝宝石的存在，为世界带来了更多美好和爱的希望。传说拥有蓝宝石者能得到来自天界的灵感，只要凝视着蓝宝石所绽放出的深蓝色光芒，便能涌现出超人智慧，所以无论是中世纪的预言家还是今天罗马教皇、大主教为首的神职人员或神学家，都将蓝宝石作为至爱和必备之物而珍藏。几乎每一个时代的皇室都被其吸引，并将之视为保佑的圣物和典藏珍品。

在现代，蓝宝石同样寄托着人们对婚姻的幸福和对未来的期望，被定为结婚5周年和45周年的珍贵纪念宝石，星光蓝宝石则因它独特

群镶蓝宝石坠

镶钻蓝宝石戒

弧面形星光蓝宝石

镶钻橘黄色蓝宝石戒指

帕德玛蓝宝石

的星线及代表"忠诚、希望与博爱",被指定为结婚26周年的纪念宝石。波斯人认为,大地由一个巨大的蓝宝石支撑,天空是由于大地的反光将其映成蓝色。

走进蓝宝石世界

蓝宝石和红宝石同属于刚玉家族的矿物,有姐妹宝石之称,而且是地球上除了钻石以外最硬的天然矿物,红色的是由于刚玉矿物含铬元素而呈红色调,称为红宝石;蓝色的蓝宝石则是因为含有了微量的钛和铁元素而呈蓝色。蓝宝石除了蓝色以外,还有黄色、粉红色、橙色等,这些彩色系的刚玉族宝石被统称做蓝宝石,其中以鲜艳的蓝色为最好。裂理发育。在一定的条件下,可以产生美丽的六射星光,被称为"星光蓝宝石"。颜色以印度产矢车菊蓝为最佳,所谓矢车菊蓝,是一种带紫色调的蓝色。蓝宝石最大的特点是颜色不均,可见深浅不同的六边形平直色带和生长纹。聚片双晶发育,常见百叶窗式双晶纹。二色性强,一般有深蓝色/蓝色、蓝色/浅蓝色、蓝绿色、蓝灰色,黄色蓝宝石有金黄色/黄色、橙黄色/浅黄色、浅黄色/无色等。光泽为亮玻璃光泽至亚金刚光泽。

另外,由于彩色蓝宝石的颜色丰富,近年来越来越受日本和欧美国家消费者的欢迎。缅甸、斯里兰卡、肯尼亚、尼日利亚、南非等国都有彩色蓝宝石出产。彩色蓝宝石中最有名最贵重的是斯里兰卡出产的粉橙色蓝宝石——帕德玛。橙色、紫色、绿色、黄色的蓝宝石如果颜色浓郁艳丽,价格亦不低。

盛产蓝宝石的国家

世界蓝宝石产地主要有缅甸、斯里兰卡、泰国、澳大利亚、丹麦、中国等,但就宝石质量而言,以缅甸、斯里兰卡质量最佳,泰国最次。世

黄色蓝宝石戒面

蓝宝石三角形胸针

界不同产地的蓝宝石除上述共同的特点之外，亦因产地不同各具特色。澳大利亚、泰国、中国产的蓝宝石因其中含有较多的铁，由铁致色，故宝石颜色很暗，刻面宝石反光效果亦不太好，一般均需经过加热褪色处理后使颜色变浅才能使用。不同产地蓝宝石的特征如下。

缅甸 缅甸的蓝宝石颜色是浅蓝到深蓝的各种颜色，蓝色鲜艳，色带不发育，常见六射星光蓝宝石，属优质宝石品种。此外，还产出金黄色、绿色、紫色、无色蓝宝石。矿物包体主要为针状金红石和水铝石，个别有浑圆状的锆石，有较丰富的撕裂状的流体包体。双晶多见。

泰国 泰国蓝宝石颜色主要为深蓝色，略带紫色色调的蓝色、灰蓝色，部分还显示灰蒙蒙的外观特征。矿物包体多，典型的有粒状斜长石、片状赤铁矿、针状金红石、八面体的铀烧绿石。黑色星光蓝宝石常见。

斯里兰卡蓝宝石手链

斯里兰卡 斯里兰卡蓝宝石总体以颜色丰富、透明度高而区别于其他产地的蓝宝石。也有黄色、绿色等色。蓝色有灰蓝、浅蓝、海蓝、蓝等多种颜色。高质量的蓝宝石是艳丽的蓝色，含有丰富的液体和典型的长方形空晶包体。

柬埔寨拜林地区 柬埔寨拜林蓝宝石颜色纯正，个别略带紫色。内部较干净，有时可见形状完好的斜长石、磷灰石、刚玉包体。

弧面蓝宝石戒面

镶钻刻面蓝宝石戒

刻面蓝宝石戒面

山东蓝宝石戒面

印度克什米尔 印度克什米尔蓝宝石颜色呈矢车菊蓝，也就是微带紫的靛蓝色。颜色的明度大，色鲜艳。一直被誉为蓝宝石中的极品。可见指纹状包体和典型的电气石包体。形状为长柱状。

澳大利亚 澳大利亚蓝宝石颜色有乳白色、灰绿色、绿色、黄色等，主要是透明度较低的深蓝色、黑蓝色。蓝宝石晶体上还常见绿色或黄色的心，周围被蓝色区域包裹。颜色不均匀，六边形色带发育。内部较干净，有六射、十二射星光蓝宝石产出。澳大利亚产丰富的蓝宝石，但由于铁的含量高，宝石颜色暗。含尘埃状包体。其宝石特点与泰国、中国相同，均需改色后才能使用。

中国 中国蓝宝石以山东（昌乐）蓝宝石质量最佳。晶体呈六方桶状，粒径较大，一般在1cm以上，最大的可达数千克拉。蓝宝石因含铁量高，多呈近于炭黑色的靛蓝色，此外，有蓝色、绿色和黄色，以靛蓝色为主。宝石级蓝宝石中包体极少，除见黑色固态包体之外，还可见指纹状包体，没有丝绢状金红石及弥漫状液体包体。蓝宝石中平直色带明显，聚片双晶不发育。大的晶体外缘可见平行六方柱面的生长线。山东蓝宝石因内部缺陷少，属优质蓝宝石。

黑龙江省蓝宝石颜色鲜艳，呈透明的蓝色、淡蓝色、灰蓝色、淡绿色、玫瑰红色等，不含或少含包体，不经改色即可应用。不足之处是颗粒细小。

威廉王子、戴妃蓝宝石婚戒

镶钻蓝宝石兰花发卡　　　　　　《龙腾盛世》蓝宝石雕件

　　海南和福建产的蓝宝石一般是粒径小于 5mm 的晶体，色美透明，除含极少的气液包体和平直的简单双晶纹之外，很少含其他缺陷。但颗粒大于 5mm 晶体的外缘，均不同程度地含有一层乳白色、不透明、平行六方柱面的环带。晶体中平行菱面体的三组聚片双晶发育。晶体中还有较多的裂隙和蚕丝状金红石包体。江苏产的蓝宝石色美透明，多呈蓝色、淡蓝色、绿色。

世界上著名的蓝宝石

　　自从近百年宝石进入民间以来，蓝宝石跻身于世界五大宝石之列，是人们珍爱的宝石。蓝宝石之美在于它沉稳平和的蓝色、美丽的星光以及动人的传奇故事。世界上最大的星光蓝宝石是"印度之星"，重 563ct。其六射星光完美无缺，瑕疵极少，虽然颜色不够艳丽，但是也不失为稀世珍宝。当年爱美人不爱江山的温莎公爵就选择了蓝宝石作为爱的信物，那枚旷世闻名的"猎豹"胸针上就镶嵌着一颗稀有的 152.35ct 的克什米尔磨圆切割蓝宝石。这枚由钻石和蓝宝石守护的爱的礼物最后在 1987 年那场著名的苏富比拍卖会上以 154 万瑞士法郎被卡地亚购回。世界上最大的切割蓝宝石——"东方蓝巨人"呈矩形，产自克什米尔地区，重达 486.52ct，是全球珠宝中的稀世珍品。

小贴士

　　星光效应是指在光的照射下，弧面形宝玉石的表面呈现出两条或两条以上交叉亮线的现象。通常有两条、三条和六条星线，分别称为四射、六射和十二射星光。星光效应的产生多是由于珠宝玉石内部含有密集定向排列的两组、三组或六组包体或结构所形成的。

2010年7月在山东省昌乐县中国宝石城心缘雕刻中心，一座名为《龙腾盛世》的蓝宝石雕刻艺术品吸引来了众多游客。据了解，此件艺术品是由20多名蓝宝石加工技师历时两年半雕刻而成。这件艺术品由28 000多块昌乐蓝宝石组成，历经挑选、打磨、切割、抛光、整形等200多道工序，全长110cm，高60cm，重达26 000g，是目前全国最大的蓝宝石雕刻件。

绿色宝石之王——祖母绿

祖母绿的矿物学名称是绿柱石，是一种铍铝硅酸盐，是绿柱石家族中最珍贵的成员，是由铬元素致色的绿柱石。而由其他元素如铁致色的绿柱石都不能称为祖母绿。

祖母绿文化传奇

古人认为拥有祖母绿就具有预言未来超自然的能力，祖母绿能增强记忆力和雄辩能力，能使人变得更富有，还被用作药物来防病。人们认为只要佩戴祖母绿就可以免受羊角疯和其他严重疾病的侵袭。今天祖母绿也作为五月的生辰石，是忠诚、仁慈和善良的象征。祖母绿像春天的绿叶一样美丽，能消除人眼的视觉疲劳。据说，尼禄皇帝就是透过一片清翠明亮的祖母绿观看狂热凶残的斗士角斗来恢复视力的。罗马学者普林尼曾给予祖母绿这样的赞赏：没有任何绿色是那么浓，它是一种能使人百看不厌的宝石，它总是发出又柔和又浓艳的光芒。祖母绿有"绿色宝石之王"的美誉。祖母绿一直同钻石、红宝石、蓝宝石和金绿宝石共同列为世界五大珍贵宝石。在古代，祖母绿是达官显贵显示身份和地位的象征。

红宝石、祖母绿戒

祖母绿原石晶体

祖母绿特征

祖母绿以其青翠悦目的绿色使得全世界各个时代的人为之着迷。祖母绿所含微量元素铬使祖母绿呈现出鲜艳绿色，可略带黄色或蓝色色调。晶体常呈六方柱和六方锥体，柱面上常有发育纵纹，具玻璃光泽，透明到半透明，具有中等到强的多色性，一种颜色为蓝绿色，另一种颜色是黄绿色。祖母绿的内部常常含有矿物包体、气液包体和裂隙，矿物包体有云母、黄铁矿、透闪石、阳起石、方解石、赤铁矿、长石等矿物。此外，还有生长时留下的环带和色带。

由于内部包体的不同，当内部矿物包体成针状、纤维状而且定向排列时，如果加工成弧面形，就可形成祖母绿猫眼或星光祖母绿。此外，祖母绿还有一种特殊的类型——达碧兹。达碧兹祖母绿产于哥伦比亚木佐地区和契沃尔地区，这种宝石的特点是在宝石中心有一六边形的核心，由核的六边形棱柱向外伸出六条绿臂，形成一个星状的图案，故而得名。因为这种特殊的性质，达碧兹祖母绿均琢磨成弧面型，而不是刻面切割。

为了能把祖母绿的美体现出来，经过长期探索，人们发现切磨成四边形阶梯状，同时四个角磨去十分之一，这种切工能将祖母绿最佳的质感、最美的色彩显现出来。这种切工也叫"祖母绿切工"，以后凡是符合如此形状的也统称为"祖母绿切工"。当然，祖母绿切工中的各个加工面还要规整，对称度要好。质量好的祖母绿都采用祖母绿切工。除

镶钻石祖母绿坠

祖母绿的名称

祖母绿的名称源于古波斯语"ZUMURUD"。我国曾先后译成"助木刺"、"子母绿"、"芝麻绿"，直到近代才统称为"祖母绿"。"祖母绿"只是ZUMURUD的译音，和祖母没有任何关系，因此不要认为这种宝石是专供上年纪的女性佩带的。

绿柱石的名称

绿柱石的英文为beryl，源自希腊语beryllus（绿色的石头），又转经拉丁语beryllus演变而来。

达碧兹祖母绿

祖母绿型切工

天然祖母绿晶体

此之外，还有椭圆形、圆形等。质量差或裂隙发育的祖母绿多数都磨成弧面形或珠形。祖母绿的切磨角度也很重要。平行光轴的方向切磨的祖母绿效果会好于其他方向的切磨。

世界各地的祖母绿

祖母绿不仅产量少，而且出成率低，原料加工成为宝石的平均出成率不到20%，多数只有10%左右。由于出成率低，所以大颗粒的祖母绿少，市场上祖母绿重量一般在0.2～1ct。祖母绿价格高的原因也在此。经切磨后，质量极优、重量在2ct以上的实属罕见，如重量在5ct以上，更是难得的珍品。

祖母绿、石英晶体

世界祖母绿的主要产地有哥伦比亚、乌拉尔、巴西、印度、南非、津巴布韦等，尤以哥伦比亚最为出名。

哥伦比亚 哥伦比亚祖母绿以颜色佳、质地好、产量大而闻名于世，是世界上最大的优质祖母绿产地。哥伦比亚最主要的两处祖母绿矿床是木佐和契沃尔，它们分布在波哥大东北约100km范围内。木佐和契沃尔矿山一直是世界上最大的优质祖母绿供应地，约占世界优质祖母绿总产量的

镶钻高档祖母绿戒指

80%。这里产出的祖母绿呈柱状晶体，平均长2~3cm，颜色有淡绿、深绿，略带蓝色调，质地好，透明。祖母绿晶体中可见气液和立方体形的食盐等气、液、固三相包体，这种特点只有哥伦比亚祖母绿才有。哥伦比亚的祖母绿产量大，净度好。一般认为以契沃尔矿区的略带蓝色的翠绿祖母绿质量最佳。1969年，在哥伦比亚发现一粒重7 025ct的巨大祖母绿。

乌拉尔 乌拉尔祖母绿最早发现于1830年，主要产于乌拉尔山脉的亚洲一侧。祖母绿晶体一般较大，但裂隙较多，所以出成率低。由于含铁使得祖母绿的绿颜色带有明显的黄色调，比哥伦比亚的祖母绿颜色稍淡，只有小部分小颗粒祖母绿的颜色可以和哥伦比亚的祖母绿相媲美。含有单个或成群的阳起石和管状包体。

南非 南非祖母绿晶体呈不规则的六方柱状，一般长3~5cm。内部包体是棕色云母片，因此祖母绿的颜色会显得更深些。位于南非德兰士瓦省东北部矿床中的祖母绿质量极高，但晶体较小。目前南非仍是世界上祖母绿的主要生产国之一，曾于1956年发现的一颗重24 000ct的优质祖母绿晶体是世界上最大的祖母绿晶体。

津巴布维 津巴布维祖母绿目前产量很大，已成为世界上一个新兴的祖母绿主要出口国。祖母绿呈六方晶形柱状体，晶体的平均粒径1~3mm，大的晶体达3cm。祖母绿晶体一般很小，但质量高，呈艳绿色，非常美丽。内部包体是透闪石，呈针状或短柱状、细纤维状。优质祖母绿占新开采出祖母绿总量的5%。

祖母绿坠

刻面祖母绿戒指

水滴形祖母绿戒

弧面形祖母绿

祖母绿手链

巴西 巴西祖母绿呈淡绿—深绿色，但祖母绿晶体细小，多瑕疵，总体来说颜色较浅。柱状晶体，长3～5cm，祖母绿晶体中常含阳起石、黑云母包体、磷灰石、金云母等。

赞比亚 赞比亚的祖母绿有良好的透明度，颜色为浓的翠绿色，微带蓝色调，非常美丽。优质者可以与哥伦比亚的媲美。

坦桑尼亚 坦桑尼亚祖母绿颜色好，有时带黄色或蓝色调。优质的祖母绿可达8ct，晶体较小，一般0.1～5cm，最大的4cm。内部包体常见二相或多相的负晶。

巴基斯坦 巴基斯坦祖母绿颜色包含从最优质到一般，透明，多数晶体大于1ct，但多含有包体。优质祖母绿可以同哥伦比亚的祖母绿相媲美。

祖母绿戒

印度 印度祖母绿晶体小，多有裂纹，质量较差，晶体为柱状和扁平状，平均长3～5cm，颜色为淡绿色至深绿色，透明—半透明。内部包体很特征，有一组逗号状的气液包体。

澳大利亚 澳大利亚祖母绿晶体为六方柱状，长2cm，淡绿—黄绿色。祖母绿晶体中含杂质包体少，总体质量较高。宝石级祖母绿占开采出来的祖母绿总量的11%。

祖母绿戒面

中国 中国祖母绿主要产于云南和新疆。云南祖母绿呈中等绿色，稍带黄色，少部分为绿色，横裂很多，内部常见白色管状包体密集排列。晶体长的达5～8cm，多不透明或半透明，属低档祖母绿，只能琢磨成弧面形宝石。新疆祖母绿为蓝绿色，透明。中国云南文山也出产祖母绿，因其颜色、净度较差，还未被广大消费者所接受。

名品鉴赏

祖母绿之最 目前，全世界收藏祖母绿最多的据说是伊朗王室，拥有数千块颜色美丽的祖母绿。世界上最大的祖母绿晶体是1956年在南非发现的，重达2.4万ct（合4.8kg）。世界上最有名的祖母绿是德文郡祖母绿，是一块未经切割的美丽的绿色祖母绿晶体，重1 383.95ct，1891年退位的巴西皇帝堂·皮德罗一世把它赠给第六代英国德文郡公爵，并由此得名，现在仍然保存在英国自然历史博物馆。

德文郡祖母绿

法拉祖母绿项链

法拉(FURA TENA)祖母绿项链 哥伦比亚的稀世之宝叫"法拉特纳"。它是一条由柱形、未经打磨、翠绿透明的祖母绿串成的项链，重100ct。相传，1600年，首都波哥大以北200km的木索地区洪水泛滥，冲走了大量泥沙。洪水过后，人们回到家园，在河底的污泥里意外地发现了一批形态独特、色泽碧绿的祖母绿晶体。后挑选出最好的晶体制做成一条精美的项链献给了当地的法拉公主。一般天然祖母绿有包体和裂隙，但制作这条祖母绿项链的晶体大且美丽，很少瑕疵，堪称绝世佳品。1993年，在北京国际贸易博览会上，有一位美国富豪出价两亿美元打算购买这条项链，结果被项链主人拒绝。

法拉祖母绿项链
全球最贵镶钻祖母绿王冠

祖母绿项链

清朝祖母绿头饰 金嵌珠宝圆花，直径7cm，此花为圆形，金质

哥伦比亚最大的祖母绿FURA

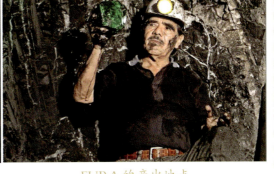
FURA的产出地点

全嵌珠宝圆花

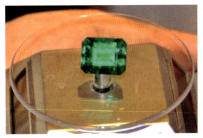
上海世博会哥伦比亚馆价值约60万美元的单颗祖母绿宝石

底托上镶嵌珠宝。中心为一颗大块的祖母绿,外围嵌两圈小颗的祖母绿与红宝石,每圈各15粒,宝石皆随形。最外嵌一圈珍珠,共16粒,且外围皆有可系缀的套环。圆花中心及外圈宝石中所选用的祖母绿号称"祖母绿之王",它晶莹通透,绿色如春天新长出的柳树叶,肉眼可见祖母绿内部天然生成的包体。此种圆花为古代妇女头上的饰品。

祖母绿"海宝" 2010年11月18日上午,上海世博会哥伦比亚馆将其"镇馆之宝"——重达5000ct的祖母绿"海宝"正式赠送给筹建中的世博会博物馆。哥伦比亚馆总代表古斯塔沃·加维利亚出席展品移交仪式并接受了由世博局颁发的捐赠证书。加维利亚表示,上海世博会为哥伦比亚提供了美好的展示舞台,为了表示感谢,哥伦比亚馆决定将这尊祖母绿"海宝"捐赠给世博会博物馆。

祖母绿是哥伦比亚人的象征和骄傲,素有"祖母绿之王"之称的祖母绿更是哥伦比亚的国石,其储量占全世界的95%。这尊专为世博会打造的祖母绿"海宝",是哥伦比亚祖母绿博物馆请高超的手工艺者用一整块祖母绿历时两个月雕琢而成的。该祖母绿"海宝"雕刻栩栩如

祖母绿海宝成"讨"

哥伦比亚方面同时打造了两尊祖母绿海宝,另一尊已在哥中建交30周年庆典上赠予中国大使,请他转交胡锦涛主席。

生,通体翠绿,堪称无价之宝。

祖母绿王冠 这顶镶有 11 颗哥伦比亚梨形祖母绿、宝石重量超 500ct 的王冠,是为公主凯塔琳娜·亨克尔·冯·多纳斯马量身打造。

2011 年 5 月,德国王子吉多·亨克尔·冯·多纳斯马为其第二任妻子凯塔琳娜定制的钻石、祖母绿镶嵌的王冠,在瑞士以净价 789 万瑞士法郎(约合 551 万英镑)、总价 1 128 万瑞士法郎(约合 788 万英镑)售出,是珠宝拍卖史上的第三高价。其原估值为 300 万英镑至 600 万英镑,苏富比欧洲中东珠宝部的负责人大卫·班尼特在落槌后鼓掌说道:"毫无疑问,这顶王冠创下了拍卖史的世界纪录。"

哥伦比亚最大的祖母绿 哥伦比亚最大的祖母绿 FURA 重达 11 000ct,2011 年在波哥大 Miner Gemas 国际展览会上参展。

弧面形祖母绿项链

祖母绿海宝

祖母绿钻石戒指

祖母绿钻石项坠

神奇的宝石——金绿宝石

金绿宝石戒面

变石（白天为绿色，晚上为红色）

猫眼效应

金绿宝石在珠宝界亦称"金绿玉"、"金绿铍"，它是一种宝石级的铍铝氧化物。金绿宝石名称本身就概括了金绿宝石的颜色特征，即黄绿色或绿黄色。但金绿宝石却是以其特殊的光学效应而闻名的。最为著名的就是猫眼和变石这两个金绿宝石变种。

金绿宝石的美丽传说

猫眼以其犹如猫的眼睛一样漂亮的眼线不仅被历代皇室宠爱，而且深受各国人们的喜爱。变石更是被誉为白天的祖母绿，晚上的红宝石。在东南亚一带，猫眼石不仅被认为有驱除妖邪的魔力，也被当做好运的象征。人们相信它会保护主人健康长寿，免于贫困。

变石有个有趣的别称：亚历山大石。据说，俄国沙皇二世在1830年他生日那天发现了变石，因此变石就被叫做亚历山大石了。由于变石在日光或日光灯下是以绿色调为主，在白炽灯或烛光下以红色调为主，而红、绿两色正是俄国皇家卫队的代表色，因此，变石在俄国深受喜爱，被尊称为国石。一些西方国家将其定为6月的生辰石。

金绿宝石的特征

金绿宝石在彩色宝石世界里是一个地位尊贵，但人们所知甚少的低调"贵族"，金绿宝石从古到今的产量都是极少的，属于世界五大珍贵高档宝石之一。金绿宝石的品种有普通的

小贴士

传说斯里兰卡中南部白胡山有一个人养的宠物猫死去后，主人非常伤心。夜间，猫托梦给主人：我已活了，可挖掘墓穴一看。于是猫的主人挖开墓穴，却只看见两只发光的眼睛。后来，白胡山发现了猫眼石。

猫眼戒

金绿宝石戒

金绿宝石、变石、猫眼、变石猫眼品种。普通的金绿宝石的颜色为浅—中等的黄色、灰绿色、褐色—褐黄色以及很少见的浅蓝色。猫眼和变石二者都是极为罕见和贵重的。变石在日光下为带黄色色调、褐色色调、灰色色调的绿色或蓝色色调的绿色，在白炽灯下为橙色或褐红色—紫红色；变石猫眼在日光下是蓝绿色，在白炽灯下是紫褐色；猫眼石颜色为黄绿色、绿黄色，具有明显的猫眼效应。金绿宝石有三色性，透明至不透明，玻璃光泽，贝壳状断口，韧性极好。特殊光学效应通常为猫眼和变色效应，就是由于特殊光学效应才形成了金绿宝石的变种。由于普通的金绿宝石的透明晶体瑕疵少，再加上它非常坚硬耐磨，经过琢磨，常是收藏家的珍品。猫眼石常加工

变石猫眼

茶水黄色的金绿宝石配以钻石镶嵌的戒指

绿黄色金绿宝石戒

小贴士

具猫眼效应的宝石很多，并非猫眼石独有，但只有金绿宝石猫眼可以直接称为猫眼，其他宝石的猫眼要在猫眼前面加宝石的名称。其他具猫眼效应的品种有：石英、电气石、绿柱石、磷灰石等，名称应为"石英猫眼"，"电气石猫眼"。猫眼产生的原因是由于在金绿宝石中含有定向密集排列的丝绢状、管状包裹体，琢磨成弧面形宝石后，就能呈现明亮的猫眼效应。

猫眼戒面

金绿猫眼石

高档金绿宝石戒指

成弧面形，普通金绿宝石、变石则加工成刻面形。

金绿宝石的异域风情

金绿宝石主要产地有斯里兰卡、俄罗斯、巴西、缅甸、津巴布韦等国。世界上最著名的猫眼石产地为斯里兰卡西南部的特拉纳布拉和高尔等地，巴西和俄罗斯等国也发现有猫眼石，但是非常稀少。变石的发源地是俄罗斯乌拉尔山脉，主要产自斯里兰卡、巴西和俄罗斯。黄绿色大颗粒变石及高质量的变石猫眼主要产自斯里兰卡。

金绿宝石名品鉴赏

金绿宝石之美就在于它有神奇的变色和猫眼，猫眼的开合展现的灵活而神秘，变石的变色又让人看到祖母绿和红宝石的美感。美国自然历史博物馆收藏的最大变石重约50ct，而大英博物馆收藏的两块变石分别重27.5ct和43ct。宝石收藏家Hope的一块金绿宝石为深黄绿色，透明度极好，没有任何瑕疵，重约45ct，雕琢得像一块多面体钻石，完美无缺，堪称举世无双，现收藏于英国自然历史博物馆。美国自然历史博物馆收藏有一块重47.8ct的优质猫眼石，但世界上最大的猫眼石重约300ct。

圆形刻面金绿宝石戒

绚丽多姿的碧玺

碧玺名称的由来

最早发现的碧玺是巴西向欧洲出口的深绿色长柱状碧玺,当时称为"巴西祖母绿",但这种宝石的硬度实际大于祖母绿。直到18世纪的一个夏天,在荷兰的阿姆斯特丹,几个小孩在玩荷兰航海者带回的石头,发现这些石头在阳光下能吸引或排斥如灰尘和草屑等轻物体的力量,因此就叫吸灰石。在这之后好久,才逐渐用上了碧玺这个名称。

碧玺文化传说

碧玺用来做宝石的历史较短,但由于它鲜艳丰富的颜色和高透明度所构成的美,它一经问世,就赢得人们的喜爱,被称为风情万种的宝石。在我国清代的皇宫中就有较多的碧玺饰物。现在,碧玺是人见人爱的中档宝石,也被当作10月生辰石。传说在唐朝贞观十八年(公元644年),唐太宗征西时得到碧玺,并将其刻成印章。由于这种宝石质地通透像水一样,称为碧,皇帝的印章也叫玺,所以从此这种宝石就称碧玺,并且与帝王结了缘。

认识碧玺

目前很多消费者都把碧玺当做水晶的一种。这肯定是不对的,碧玺和水晶本身就是两种不同的矿物,因此就是两种不同的宝石品种。碧玺是成分复杂的硅酸盐矿物,属于中高档宝石;水晶的成分是二氧化硅,则属于一般的宝石。

绿色碧玺

碧玺项链

碧玺耳钉

粉色碧玺，连年有余

弧面碧玺坠

碧玺晶体

由于碧玺的化学式成分复杂，因此碧玺几乎可以出现各种颜色，甚至一个晶体上有两种或多种颜色，这种多种颜色的出现给碧玺带来了更独特的美丽。碧玺是三方晶系，原始的晶形常为柱状，柱面发育纵纹，柱的横截面为球面三角形。碧玺晶体颗粒整体比较大，所以可以加工出大颗粒的宝石。碧玺具有二色性，而且非常强。红色或粉红色碧玺的二色是红和黄红；绿色碧玺的二色是蓝绿和黄绿到深棕绿；蓝色碧玺的二色是浅蓝和深蓝；黄绿色碧玺的二色是蓝绿和黄绿到棕绿。碧玺可出现猫眼和变色效应。碧玺具有压电性和热电性，加热或施压后在碧玺的两端可产生电荷。

盛产碧玺的国家

世界上很多国家都产碧玺，如巴西、斯里兰卡、缅甸、俄罗斯、意大利、肯尼亚、美国等。巴西所产的碧玺占世界碧玺总产量的50%～70%，其优质的蓝色碧玺被称为"巴西蓝宝石"，此外，其所产的红、绿色碧玺和碧玺猫眼很有名。巴西还产帕拉伊巴碧玺，是一种绿松石蓝色的碧玺，是碧玺家族中产量稀少的品质种。美国出产各种颜色的优质碧玺，尤以优质的粉红色碧玺著称。俄罗斯的乌拉尔产出的优质红碧玺被称为西伯利亚红宝石。意大利主要产无色碧玺。坦桑尼亚产的绿碧玺，其鲜艳的颜色可与祖母绿媲美。尼日利亚出产的红碧玺在市场上比较畅销，马达加斯加、纳米比亚、津巴布韦等

黄色碧玺挂件《福寿》

蓝碧玺雕件

国也产碧玺。我国新疆、云南和内蒙古产的碧玺颜色丰富，质量好。新疆的碧玺主要产于阿尔泰，产出的碧玺色彩鲜艳，红色、绿色、蓝色、多色均有产出，晶体较大，质量较好。内蒙古主要产于乌拉特中旗角力格太，所产碧玺质量较好，以绿色碧玺质量最好。云南产各色碧玺，质量较好。

粉红色碧玺戒

碧玺坠

西瓜碧玺

红宝石的伴侣——尖晶石

红色尖晶石晶体

尖晶石与红宝石的渊源

尖晶石长时间以来一直默默无闻地与红宝石在一起，因此很少有人知道这一宝石名称。由于尖晶石不仅稀少而且总是与红宝石伴生，导致人们把它当做红宝石。因此它的名字很多，总是以地名再加上红宝石来命名，甚至还有尖晶石红宝石的叫法。在我国清代一品大官帽顶子上用红宝石，几乎全是用红色尖晶石。

认识尖晶石

尖晶石是一种镁铝氧化物，属等轴晶系，在自然界的产出状态常呈八面体晶形，有时是八面体与菱形十二面体、立方体成聚形，玻璃光泽至亚金刚光泽。不要以为尖晶石只有红色，其实尖晶石有各种颜色：无色、粉红色、红色、紫红色、浅紫色、蓝紫色、蓝色、黄色、褐色、黑色等。红色或粉红色尖晶石在长、短波下有暗红色的荧光，蓝色因为含铁不发荧光。尖晶石内部通常含有较多的包体，成层分布。

八面体红色尖晶石晶体　　　　红色尖晶石戒面

尖晶石中常含有呈八面体状的小尖晶石、柱状的锆石及磷灰石等固体包体及较多的气液包体。特殊光学效应有星光效应（四射或六射），变色效应，但比较稀少。大而质量好的尖晶石较少见，现在超过5ct、质地好的都是宝贝。但是历史上曾有过一些较大的尖晶石，其中的一些尖晶石宝石珍品重量超过100ct。

盛产尖晶石的国家

尖晶石的产地有缅甸、斯里兰卡、柬埔寨、泰国、尼日利亚、坦桑尼亚、巴基斯坦、越南、美国、阿富汗及中国的河南、河北、福建、新疆、云南。

尖晶石的名门贵族

尖晶石自古以来就比较珍贵，由于它的美丽和稀少，所以也是令人着迷的宝石之一。世界上最具有传奇色彩、最迷人的尖晶石"帖木尔红宝石"和"黑王子红宝石"，由于它们具有美丽的颜色，外观酷似红宝石，在过去一直被误认为红宝石，直到近代才鉴定出都是红色

粉色尖晶石

蓝色尖晶石戒面

英国国王王冠上的黑王子红宝石（尖晶石）

帖木尔红宝石
（尖晶石）

尖晶石。帖木尔红宝石重361ct，产于阿富汗，颜色为深红色，没有经过切割，保持了原始的形状，主要展现了宝石的自然美。从刻在宝石上的标记可以知道，帖木尔在1398年得到了这块宝石。后来这块宝石被送给维多利亚女王，现在保存在英国伦敦白金汉宫。黑太子红宝石已被抛光，但保留了原来大致的形状，重约170ct，最开始它是西班牙国王的财宝之一，最后几经转手，在1415年站上了英国的王冠。

清新淡雅的绿柱石

绿柱石是指矿物成分为绿柱石的一类宝石，由于这种矿物形成的条件不同，使得宝石形成不同的颜色，因而有很多品种。其中祖母绿是绿柱石家族中最为有名的成员之一，其次是海蓝宝石。

海蓝宝石作为3月的生辰石，象征着幸福和青春永葆。传说这种美丽的宝石来源于海底，是海水的精华，航海者佩戴海蓝宝石可以保佑安全。

摩根石

绿柱石分析

绿柱石是一种铍铝硅酸盐矿物，六方晶系。晶体常呈六方柱状，柱面上长有纵纹。颜色有无色、绿色、黄色、淡橙色、粉色、红色、蓝色、棕色、黑色。多色性弱至中等。玻璃光泽，透明到半透明。内部常见平行排列的管状包体和气液包体。可见猫眼效应。

不同颜色绿柱石产地

海蓝宝石主要产于巴西、马达加斯加，此外还有美国、缅甸、印度、坦桑尼亚、阿根廷、挪

粉色绿柱石晶体

威、英国北爱尔兰、肯尼亚、津巴布韦、赞比亚等地。粉色绿柱石主要产于巴西米纳斯吉拉斯及马达加斯加。黄色绿柱石主要产于马达加斯加、巴西、纳米比亚。我国的海蓝宝石和绿柱石主要产于新疆、云南、内蒙古、海南、四川等地，以新疆、云南产的海蓝宝石质量最佳。

世界上著名的海蓝宝石

巴西曾发现过一块海蓝宝石晶体，重243磅（约合110kg），是一个六边形的棱柱体，晶体外部为绿色，内部为蓝色，透明度极好，后被切割成许多块，如今最大的一块晶体重13磅（约合5.9kg），外部呈绿色，未加切磨，收藏于美国历史博物馆。

英国历史博物馆收藏有一块无瑕的海水蓝色的海蓝宝石，切磨成阶梯状，重879.5ct。美国洛杉矶博物馆有一块638ct的优质海蓝宝石。

海蓝宝石、金色绿柱石

祖母绿型切工海蓝宝石

海蓝宝石项链

海蓝宝石挂件

最大众化的宝石——水晶

水晶的美丽传说

水晶璀璨、美丽而且较为珍贵，自从水晶被用作宝石以来，总是与一段段充满神奇色彩的故事密不可分。古希腊人认为水晶是"洁白的冰"，相信其中隐藏神灵，把水晶球放在家里，可以预言未来。我们的祖先认为紫晶可以促使互相谅解，互通心灵，和和气气，保佑双方万事如意。

水晶晶莹剔透，纯净无暇。其实水晶不仅有白色，还有许多其他美丽的颜色、变化万千的内部图案，更有的出现魅惑诡异的幻影，或鬼斧神工的天然晶簇，越来越受到人们的青睐。

了解水晶

水晶的矿物名称是石英，化学成分为 SiO_2。水晶常见白色、紫色、黄色、粉色、黑色、褐色等。水晶为三方晶系，晶体形状常呈六方柱和菱面体聚合形成的棱柱体。有时呈六方双锥体状或不规则状、扁平状。六方柱柱面有明显的横纹和多边形蚀像。紫水晶中常见角状色带。水晶在自然界经常以晶簇出现，造型美观。水晶内部常具有包裹体，气液包体和气、液、固三相包体和负晶，常呈星点状、云雾状和絮状。液体包体可以形成水胆水晶。固体包体有针状金红石、电气石，阳起石等固体矿物等。这些不同的包体给水晶产生了不同的奇异效果，构成了一幅幅美丽的图案和幻景。

盛产水晶的国家

世界上很多国家都出产水晶，如巴西、乌拉圭、美国、南非、赞比亚、俄罗斯、越南、巴基斯坦、澳大利亚等。彩色水晶的主要产地有巴西、马达加斯、美国的阿肯色州、俄罗斯的乌拉尔、缅甸等。紫水晶的主要产地为巴西、乌拉圭。

白水晶观音

黄水晶佛

含黄褐色发状包体的水晶玉米雕件

黄水晶坠

紫水晶巨晶（35cm）

烟晶、钛晶雕精品《佛》

巴西是出产水晶的大国，其水晶储量大，产量、出口量占世界总量的90%。巴西是目前世界上最大的紫晶洞产地。

中国的水晶资源丰富，江苏、海南、四川、云南、广东、广西、贵州、新疆、辽宁、湖北等25个省、市、自治区都有产出。其中江苏省东海县的水晶质量最好、最为著名，所以东海县也被称为"水晶之乡"。

黄发晶水晶钱袋

紫晶戒指

钛晶水晶壶

多变的长石

长石是一族矿物，主要有钾长石和斜长石两个系列。钾长石根据其化学成分的不同可分为正长石、透长石、微斜长石和歪长石。斜长石系列根据化学成分分为钠长石、奥长石、中长石、拉长石、培长石、钙长石。长石通常是无色至淡黄色、绿色、橙色、褐色等，透明至不透明，玻璃光泽。长石有两组完全解理，用放大镜检查，在长石中可见到少量固体包体、聚片双晶、双晶纹、气液包体、针状包体。

长石中的贵族

长石在自然界是分布最广的矿物之一，但能作为宝石的品种非常少。主要的宝石品种有正长石中的月光石、微斜长石中的天河石，斜长石中的日光石和拉长石。

月光石　月光石是由于具有特殊的月光效应而得名。月光效应是

天河石晶簇

拉长石原石

月光石首饰套件

指当原石转动到某个角度时可看到白至蓝色的发光效应，好似朦胧的月光。到目前为止，只有月光石具有这种效应。古代人认为佩戴月光石能给人带来好运，给人力量。月光石与珍珠、变石一同作为6月的生辰石，象征健康、富贵、长寿。月光石颜色为无色—白色、红棕色、绿色、暗褐色，常有蓝色、无色或黄色晕彩，透明—半透明。月光石内部有特征的蜈蚣状包体，此外还有针状包体。

天河石 天河石也称亚马逊石，颜色为蓝色至蓝绿色，透明至半透明，常含有斜长石的聚片双晶或穿插双晶而呈绿色和白色格子状、条纹状或斑马状。

日光石 日光石也称太阳石，或砂金效应长石。颜色为红褐色，半透明。由于内部含有大量平行排列的金属矿物薄片，如常见赤铁矿和针铁矿，转动宝石时能看到红色或金色的反光，即砂金效应。

拉长石 拉长石内部包体有暗色针状包体、片状磁铁矿包体。拉长石中最重要的品种是晕彩拉长石。具体特点是当宝石转动到某个角度时，在宝石上可看到蓝色、绿色、橙色、金黄色、紫色和红色的晕彩，即晕彩效应。有时切磨方向正

月光石戒

镶钻日光石钻戒

日光石戒面

确还可产生猫眼效应，由于含有的铁矿物颜色深，也称为黑色月光石。芬兰产的一种具有鲜艳的晕彩效应的拉长石常被称为"光谱石"。

盛产长石的国家

月光石的产地有斯里兰卡，马达加斯加，缅甸，坦桑尼亚，南美的加罗里多、印第安那、新墨西哥、纽约、北卡罗来纳、宾夕法尼亚等地，其中最重要的产地是斯里兰卡。中国的产地有内蒙古、河北、安徽、四川、云南等地。

日光石太阳挂坠

天河石目前主要产于印度的克什米尔、巴西、北美、俄罗斯和马达加斯加。坦桑尼亚和南非等地也有很好的天河石产出。中国的产地有新疆、甘肃、内蒙古、山西、福建、湖北、广东、广西、云南等地。

日光石产于挪威、俄罗斯、加拿大、印度等地，最好的日光石产于挪威。

拉长石戒指

拉长石主要产地是加拿大、美国、芬兰，其中加拿大的拉布拉多以产拉长石的大晶体而闻名。优质拉长石产于美国，最漂亮的晕彩拉长石在芬兰。

天河石项链

日光石耳钉

具有异国情调的宝石——托帕石

黄色和蓝色托帕石晶体

蓝色托帕石戒指

黄色托帕石挂坠

托帕石名称的由来

托帕石的矿物名称为黄玉，英文名称Topaz，所以英译名称为"托帕石"。由于黄玉与黄色玉石的名称容易混淆，因此多采用托帕石这一名称。

托帕石的文化传说

古埃及和罗马文献中都曾有过托帕石的记载，那时只是偶尔为皇室或教会所用。到了18世纪，在法国和西班牙，托帕石才被镶嵌在许多美丽的首饰上。19世纪法国和英国流行托帕石和紫晶制成的首饰，其中托帕石是最受欢迎的宝石之一。再后来托帕石也一直深受人们的喜爱。据说葡萄牙王室有一颗重1 680ct的"布拉干萨钻石"，后经专家鉴定，这其实是一颗无色、极干净的托帕石。这是由于无色托帕石的光泽极强，加工好后能像钻石一样光芒四射，才会被误认为钻石。其实颗粒大、品质如此好的无色托帕石也非常罕见。在西方人看来，托帕石可以作为护身符佩带，辟邪驱魔，使人消除哀伤，增强信心。中国对托帕石的认识和使用有着悠久的历史。托帕石是一种漂亮又便宜的中低档宝石，深受人们喜爱。国际上许多国家把托帕石作为11月生辰石，是友情、友谊和友爱的象征。

托帕石的特征

托帕石是含水的铝硅酸盐矿物，斜方晶系，晶体形态多呈斜方柱状，柱面常具纵纹，集合体形态为柱状、粒状、块状。托帕石的颜色有无色、酒黄色、蓝色、绿色、红色，强玻璃光泽，透明至半透明。

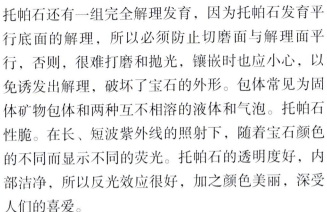

托帕石还有一组完全解理发育,因为托帕石发育平行底面的解理,所以必须防止切磨面与解理面平行,否则,很难打磨和抛光,镶嵌时也应小心,以免诱发出解理,破坏了宝石的外形。包体常见为固体矿物包体和两种互不相溶的液体和气泡。托帕石性脆。在长、短波紫外线的照射下,随着宝石颜色的不同而显示不同的荧光。托帕石的透明度好,内部洁净,所以反光效应很好,加之颜色美丽,深受人们的喜爱。

粉色托帕石坠

托帕石经中子辐射,电子加速器轰击、60C°照射及加热的方法处理,可变成漂亮的天蓝色。需要提醒的是,经过辐射改色的托帕石会有一定的放射性残留,需要放置半年以上才能作为饰品,否则可能对人体有一定的伤害。

盛产托帕石的国家

世界各国都有托帕石出产,最重要的宝石级托帕石产地是巴西的米纳斯吉拉斯州,这里的托帕石有黄色、深雪梨黄色、粉红色、蓝色及无色等,世界上95%以上的托帕石产于这里。这里曾产出的重量达300kg的透明托帕石堪称世界之最,现藏于美

蓝色托帕石坠

国纽约自然历史博物馆。斯里兰卡也是较重要的托帕石产地,颜色主要为蓝色、绿色和无色。美国加利福尼亚州产蓝色和黄色的托帕石。中国的广东、新疆、云南等地产大量无色的托帕石。

蓝色托帕石耳坠

蓝色托帕石戒面

黄色托帕石戒面

像石榴籽的宝石——石榴石

红色石榴石戒面

很多人会疑问石榴石是什么,这是由于石榴石这种宝石的晶体与石榴的籽的形状、颜色比较相似,因此得名,也有称紫牙乌。颜色浓艳、纯正,透明度高的品种是石榴石的佳品。它的折光率高,光泽强,颜色美丽多样,是人们喜爱的宝石品种。

石榴石文化传说

由于石榴石这种矿物长得同石榴相近,古代人们赋予它多子多福的寓意。世界上许多国家把石榴石定为1月生辰石,象征忠实、友爱和贞操。数千年来,各色石榴石被认为是信仰、坚贞和纯朴的象征宝石,并相信石榴石可以保护荣誉和增强健康,治疗各种疾病。据说,红色石榴石可以减少发烧;黄色石榴石是治黄胆病的良药。对于许多旅行者来说,它可以确保旅游中平安无事。亚洲人用石榴石、砾石做子弹,他们相信石榴石的颜色会使敌人遭受到致命伤。石榴石被许多王室选作王室宝物。石榴石是现在比较常见的中低档宝石之一。但质优的翠榴石(绿色的石榴石)因产地少、产量低等原因,具有很高的价值,跻身于高档宝石之列。

丰富多彩的石榴石

石榴石是一种化学成分比较复杂的硅酸盐矿物,根据化学成分的不同,石榴石分为铝质系列和钙质系列两大类,其中铝质系列的石榴石常见的品种有镁铝榴石、铁铝榴石、锰铝榴石;钙质系列的石榴

石榴石

绿色石榴石

锰铝榴石

石常见的品种有钙铝榴石、钙铁榴石、钙铬榴石、水钙铝榴石。石榴石晶体形态呈菱形十二面体、四角三八面体或二者的聚形，集合体为粒状或块状。石榴石受成分影响，呈现多种颜色，除了还未见蓝色外，鲜红、翠绿、橙黄、粉紫和黑色的石榴石都有出产。石榴石根据颜色色系的不同主要分红色系列、黄色系列、绿色系列。红色系列包括粉色、紫红、橙红；黄色系列包括黄色、橘黄、密黄、褐黄；绿色系列包括翠绿、橄榄绿、黄绿。光泽为玻璃光泽—亚金刚光泽，断口为油脂光泽，透明至半透明，颜色越深透明度越差。石榴石可出现星光效应、猫眼效应、变色效应，星光效应为四射星光。很少见六射星光。

翠榴石晶体

黄色锰铝榴石晶体和茶晶晶体

石榴石产地

石榴石主要产地有斯里兰卡、印度、马达加斯加、中国、巴西、乌拉尔、南非、加拿大、美国、缅甸等地。

石榴石中的极品观赏

中国地质博物馆中藏有一颗橙红色的锰铝榴石大晶体，重达1397ct，产于新疆。美国国家自然历史博物馆中珍藏着世界上最好的一颗褐黄色透明的铁钙铝榴石，是一个雕刻精巧的基督头像，重61.5ct，堪称无价之宝。

镶钻石榴石戒指

黄色石榴石戒指

镶钻石榴石挂坠

太阳的宝石——橄榄石

橄榄石原石

橄榄石晶体

橄榄石的神奇功效

橄榄石因其颜色是橄榄绿色而取名橄榄石。橄榄石大约是 1500 年以前,在古埃及发现的。当时的埃及人用橄榄石做装饰。在德国科隆市古教堂中,镶嵌有优质的橄榄石宝石。在耶路撒冷的一些神庙里至今还有几千年前镶嵌的橄榄石。古代罗马人把橄榄石称为"太阳的宝石",他们相信橄榄石具有的能量,像太阳一样大,可以驱除邪恶。因此把它镶嵌在金子上作为护身符佩戴在身上。橄榄石是 8 月的生辰石,象征着和平、幸福、安详等美好意愿。

橄榄石的结构分析

橄榄石是一种岛状结构硅酸盐矿物,属斜方晶系。晶体形态常呈短柱状,集合体多呈不规则粒状。颜色是中到深的草绿色或橄榄绿色。玻璃光泽,半透明到透明。密度随铁含量的增加而增大,脆性大,韧性较差,非常容易裂。优质橄榄石呈透明的橄榄绿色。橄榄石中常见的包体有黑色铬铁矿和深红色铬尖晶石等,在固体包体的周围还常伴有盘状裂隙或气液包体,也称为"睡莲叶"状包体。

橄榄石的产地

橄榄石在世界上的分布较广,产出也较多,这些国家有埃及、缅甸、印度、美国、巴西、墨西哥、哥伦比亚、阿根廷、智利、巴拉圭、挪威、俄罗斯以及中国。埃及的扎巴贾德岛从古就是优质橄榄石的主要产地,曾经产出过非常美丽的中等至深绿色的橄榄石。缅甸的抹谷

橄榄石戒面

是世界上第二个重要的产地，橄榄石晶体呈深绿、绿或淡绿色，通常多见2～5cm的橄榄石，最大的橄榄石在加工后超过100ct。美国的亚利桑那州盛产淡绿色至中等绿色、小颗粒的橄榄石，一般5～10ct。巴西的米纳斯吉拉斯州出产鹅卵石状的橄榄石。墨西哥的奇瓦州出产的橄榄石为褐色。

我国著名的橄榄石产地有河北、山西、吉林等地。其中河北张家口橄榄石产量大、质量好。从几毫米到几十毫米不等，大的可达150ct以上。吉林橄榄石粒径通常为5～8mm，形态有粒状、柱状、板状多种，最大的可达50mm，颜色从浅黄绿到淡橄榄

橄榄石戒面

绿，一般比缅甸的橄榄石深。我国市面上销售的橄榄石大多来自缅甸或我国自产。

橄榄石的世界之最

橄榄石一般多在3ct以下，3～10ct的橄榄石相对少见，因而价格比较高，超过10ct的橄榄石就属于稀罕品。美国华盛顿博物馆现藏有一颗重319ct的橄榄石产于红海的扎巴贾德岛。中国河北省张家口万全县大麻坪发现的橄榄石，重236.5ct，是中国最大的橄榄石。而最漂亮的一块切磨好的橄榄石重192.75ct，曾属于俄国沙皇，现存在莫斯科的钻石宝库里。

纯银镶嵌橄榄石戒指　　　925银橄榄石戒指

后起之秀——坦桑石

坦桑石传奇

坦桑石是近几年新兴起的一种宝石。我们大多数人都知道钻石、红宝石、蓝宝石，知道坦桑石的人寥寥无几，这种宝石是1967年才在非洲的坦桑尼亚发现的新品种。坦桑尼亚北部城市阿鲁沙地区是它的出产地，而且是世界上唯一的产地。关于坦桑石的发现还有一段故事。由于雷电的作用，草原上燃起熊熊大火，大火过后，原来呈土黄色的矿石变成了蓝色。在此地牧牛的游牧民发现后便把这可爱的蓝色晶体收藏起来。消息传开，一些公司纷纷来此开矿、加工，并向世界销售。1969年，为纪念当时新成立的坦桑尼亚联合共和国，它被命名为TANZANITE，音译坦桑石，并把它迅速推向国际珠宝市场。尤

坦桑石戒面

坦桑石戒指

坦桑石戒面

其得到美国珠宝市场的青睐。

今天，坦桑石最大的市场仍在北美，每年出产的坦桑石80%是销往美国，高达3亿多美元，其次是欧洲，香港也有少量出售。

美丽的坦桑石

坦桑石的矿物名称为黝帘石，是一种钙铝硅酸盐矿物，斜方晶系，晶体常呈柱状或板柱状。未经加热处理的黝帘石呈淡红紫色、淡黄绿色和蓝色，加热处理后呈带紫的靛蓝色。这种稀有的宝石最美的颜色呈湛蓝色，有的略偏紫，有的从不同角度看去或蓝或紫或金黄。坦桑石美丽的蓝色是无法形容的，有人把浅色的坦桑蓝比喻成著名影星泰勒的眼睛。此外坦桑石还有褐色、黄绿色、粉色。玻璃光泽，一组完全解理。多色性为强三色性，蓝色坦桑石的多色性为蓝色、紫红色和绿黄色；褐色坦桑石的多色性为绿色、紫色和浅蓝色；黄绿色坦桑石的多色性为暗蓝色、黄绿色和紫色。有气液包体，阳起石、石墨和十字石等矿物包体。

由于市场上优质蓝宝石越来越紧缺，而坦桑石的颗粒一般比较大，可以切割成各种形状，加工成的首饰格外引人注目，深得人们的喜爱。而且是蓝宝石的一种很好的替代品。如《泰坦尼克号》中女主角所佩戴的"海洋之星"就是一粒蓝色的坦桑石制成的。坦桑石现已成为世界人们都喜爱的宝石了。

坦桑石耳钉

坦桑石胸针

有机宝石

有机宝石与无机宝石的主要区别在于有机宝石一定与动物和植物的活动有关，服从于生物物理学、生物结晶矿物学规律。它们不可能进行人工合成。

宝石皇后——珍珠

神奇的珍珠

早在远古时期，原始人类在海边寻找食物时，发现了具有彩色晕彩的洁白珍珠，并被它的美丽所吸引。从那时起珍珠就成了人们喜爱的饰物，并流传至今。珍珠以它的雅洁、高贵，一向为人们钟爱，被誉为珠宝皇后。珍珠是世上唯一不需要外加任何修饰便可展现美丽的宝石。珍珠高雅名贵，不仅为历代王侯所青睐，而且也为近代名人雅士所喜爱。慈禧喜欢古物珍宝，最爱珍珠。慈禧的凤冠、寿字旗袍、鞋子上都有大量的珍珠，甚至还有珍珠披肩。历代君王都想寻找长生不老药，慈禧的长生不老药就是珍珠。有"铁娘子"之称的英国前首相玛格丽特·撒切尔夫人特别喜欢珍珠，她认为珍珠是妇女仪态优美的必备珍品。她戴珍珠十分讲究，有时早上见外宾戴一串珠链，下午见贵客戴两串珠链，晚上见友好人士时戴三串珠链。英国王妃戴安娜十分钟情珍珠首饰，戴安娜嫁入英国王室后得到的第一份礼品就是珍珠首饰——珍珠凤冠和珍珠外套。

珍珠耳坠

珍珠皇后

天然珍珠与养殖珍珠

珍珠是某些贝类外套膜受异物刺激或病理变化，分泌珍珠质形成的一种有光泽的圆形固体颗粒。当珍珠母贝和蚌贝在水中生长时，若偶然遇有细微的沙粒或较硬质的生物窜入壳中外套膜内，外套膜受到刺激后，感觉不适，于是分泌珍珠质逐渐包围由外窜入的沙粒或生物，并日益长大成为珍珠。养殖珍珠就是利用此原理。

黄色珍珠坠

珊瑚彩宝、珍珠胸针

各种彩色珍珠项链

珍珠的特点

珍珠的形状多种多样，有圆形、梨形、蛋形、泪滴形、纽扣形和任意形，其中以圆形为佳。珍珠由大量的无机质和部分有机质两部分组成，呈圈层结构，由内部的珠核和外部的珍珠层组成，如果是无核珍珠，则没有中间大的珠核，基本上都是由珍珠质组成。珍珠表面常有一些瑕疵，如沟渠、瘤状突起等。化学稳定性差，溶于酸、碱中。颜色有白色、粉红色、淡黄色、淡绿色、淡蓝色、褐色、淡紫色、黑色等，以白色为主。但常常伴有其他色彩，也叫伴色。珍珠具有典型光泽，为透明至半透明。珍珠在短波紫外光下显白色、淡黄色、淡绿色、蓝色荧光，黑色珍珠发淡红色荧光，X 射线下有淡黄白色的荧光。遇盐酸起泡。放大观察，在珍珠的表面有各种形态的花纹，平行线状、平行圈层状、不规则条纹状、旋涡状等，也有光滑无纹的。

盛产珍珠的国家

天然珍珠主要产于波斯湾地区，以波斯湾地区巴林岛的为最好。伊朗、阿曼、沙特阿拉伯、马纳尔湾具有悠久的产珠历史，美国的田纳西产天然淡水珍珠主要有白色、粉红色，偶尔见绿色、灰色和黑色。

养殖珍珠主要产于中国、日本。我国海水养殖珍珠主要分布于南海北部及南海海域，也称南珠。其中广西合浦养殖珍珠质地好、颜色艳丽。日本三重县是世界优质海水养殖的著名产地。世界其他地方如塔希提岛、澳大利亚、印度尼西亚、菲律宾、泰国、缅甸等都有养殖珍珠业。塔希提是世界著名的黑珍珠产地，还有一个

珍珠项链

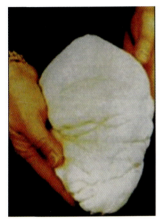

老子之珠

比较著名的黑珍珠产地是夏威夷。南洋珠是指产自南太平洋海域沿岸国家的天然或养殖珍珠，包括澳大利亚、印度尼西亚和菲律宾等地，这些地方产的珍珠有白色、黄色、黑色。澳大利亚是目前世界上最大的白色海水养殖珍珠产出国。

珍珠贵族

埃及女皇克丽奥佩特拉的珍珠 古埃及艳后有一对珍贵无比的珍珠耳环，据说这两颗珍珠的价值可养活埃及全国人民一个世纪。女王的情人安托万挥霍无度，女王担心会损害自己的荣誉，于是便决定教训他一下。在一次晚宴上，女王庄重地从耳朵上取下一颗大珠，放入酒杯中，待珍珠被溶解后，女王端起酒杯一饮而尽。安托万明白了女王的苦心，自此以后生活上有所收敛。

真主之珠 真主之珠，也叫老子之珠。"老子珠"是世界上最大的天然海水珍珠。1934年5月7日，在菲律宾巴拉旺海湾中，一群小孩下海采捕海生动物，其中一个小孩在潜水时，被一只砗磲贝夹住了脚，结果溺水而亡。当人们把砗磲贝打开时，发现里面有一颗极大的珍珠，长241mm，宽139mm，重达6350g。这颗巨大的珍珠被命名为"真主之珠"，此珠当时价值高达408万美元，现存于美国旧金山银行保险库中。

千年灵物——珊瑚

珊瑚饰品由来已久

我国是开发和使用珊瑚最早的国家之一，据考古研究得知，在4000年前的新石器时期，我们的祖先已懂得将珊瑚制成简单的小饰品来装扮自己。他们将珊瑚枝打磨、穿孔、连缀，或单独成件，或与其他美石相配在一起来装饰自己。珊瑚是权力和财富的象征，历代帝王的王宫里都有用珊瑚雕刻的各种装饰品。慈禧一生不仅爱权而且爱美成癖，她喜欢艳丽服饰，尤其偏爱红宝石、红珊瑚、翡翠等宝玉石材质的牡丹簪、蝴蝶簪。英国女王伊丽莎白二世的第一条项链是红珊瑚制成的。

珊瑚的美丽造型

珊瑚是一种以低等腔肠动物珊瑚虫分泌的钙质为主体的堆积物形成的骨骼，而且这种骨骼常呈树枝状。来自大海深处的珊瑚，其独特的自然纹理和奇特造型带给世界各地的人们无比的神秘感和奇妙的想象空间。珊瑚的形状似树枝，不透明或微透明，玻璃光泽—蜡状光泽，质地细腻。颜色有白色、奶油色、浅粉色、红色、深红色、橙色、金色和黑色，偶见蓝色和紫色。分别叫白珊瑚、红珊瑚、金珊瑚、黑珊瑚、蓝珊瑚。珊瑚以红色为上品，红珊瑚红艳如火，古代称"火树"。

根据珊瑚的组成成分，珊瑚分为钙质型珊瑚、角质型珊瑚和石灰岩质珊瑚。钙质型珊瑚主要由碳酸钙、有机成分、水等组成。白珊瑚、红珊瑚为钙质型珊瑚。角质型黑珊瑚和金珊瑚几乎全部由有机质组成，很少或不含碳酸钙。石灰岩质珊瑚主要由碳酸盐类组成。钙质型珊瑚在纵切面上表现为颜色和透明度稍有变化的平行波状条纹。在珊瑚枝体上往往还有一些小的虫穴，这一特征也是珊瑚有别于其他宝石的特点。黑珊瑚和金珊瑚的横截面为同心环状结构，与树木年轮相似，纵面表层具有独特的小丘诊状外观，金珊瑚有独特的丝绢光泽。石灰岩质珊瑚石性大，听声脆响，为玻璃光泽，外观呆板不温润。

白珊瑚观音

黑珊瑚、红珊瑚、珍珠胸针

MOMO红珊瑚《寿星老》

珊瑚的产地

珊瑚主要产于琉球群岛和中国台湾、意大利、阿尔及利亚、夏威夷等地的海域，在100～300m深的水域中。

珊瑚的"美"

珊瑚形态美 产于深海的珊瑚是全世界的自然珍奇，是大自然造就的奇葩，无需任何雕饰，犹如红衣少女在海底舞动，像火焰在跳动。经过艺术家的修饰，可以达到出神入化的境地。在故宫博物院的藏品中，《魁星点斗独占鳌头》珊瑚盆景雕刻的珊瑚魁星，其手执纍丝点翠镶珍珠之北斗星座，站立在以翡翠琢成的鳌龙头上，组成魁星戏斗的画面，意寓应试高中，独占鳌头。珊瑚在深海自然状态下产出，呈树枝状，随意取出一束都是婀娜多姿、美丽动人的天然艺术品。

珊瑚颜色美 珊瑚有鲜艳的红色、娇嫩的粉色、宁静的蓝色、沉稳的黑色、华贵的金色。红色和粉色是最多见的。红色象征着激情、热情、吉祥、喜庆，是我们中华民族的情结。就如龙凤是我们中华名族的图腾一样，载着我们的希望，带给我们幸运。红色的珊瑚光泽艳丽、温润可人、晶莹剔透、千娇百媚；粉色的珊瑚白中见粉，犹如少女的肌肤白里透红，红里有白，娇嫩无比；金色珊瑚雍容华贵；黑色珊瑚稳重大方。千年修成美丽树，世人始知红珊瑚。

沙丁红珊瑚圆珠胸坠　　阿卡红珊瑚如意佛　　　　金珊瑚烟嘴

石化的树脂——琥珀

琥珀是贵族象征

经过在大自然中几千万年以上的演变而形成的琥珀，自古以来是欧洲贵族佩戴的传统饰品。琥珀是欧洲文化的一部分，欧洲人对琥珀

蜜蜡佛珠

琥珀弥勒佛

的迷恋就像中国人对玉的钟爱。古时候在欧洲，只有皇室才能拥有琥珀，琥珀被用来装点皇宫和议院，成为一种身份的象征。人们用大颗的琥珀珠串成婚礼项链作为结婚时必备的贵重珠宝和情人间互赠的信物。在中国，琥珀一直作为一种传统的玉料被使用。如今琥珀也是一种男女都十分喜爱的宝石，近几年有增无减。用琥珀雕刻的各种精美工艺品，尤为中外消费者所喜爱。

琥珀与众不同的特点

琥珀主要是由琥珀脂酸、琥珀松香酸、琥珀酸盐和琥珀油等物质组成的，含少量的硫化氢。我国《系统宝石学》中琥珀的定义是中生代白垩纪(1.37亿年)到新生代第三纪的松柏科树脂，经地质作用而形成的有机混合物。大多宝石级琥珀是1500~4000万年形成的，时代最老的琥珀产自黎巴嫩，形成时间大约距今1.35亿年左右。琥珀是一种非晶质体，能形成各种不同的外形，原料形状有结核状、瘤状、水滴状或各种不规则形等。表面可见一些树木年轮或具有放射状纹理，有的表面呈砂糖状。砾石状的琥珀有一层不透明的皮膜。琥珀常常产于煤层中。

琥珀的熔点150℃~180℃，燃点250℃~375℃。也就是说琥珀在150℃时开始变软，250℃时熔融，产生白色蒸汽。琥珀熔化后产生的气体有一种芳香味。琥珀易溶于硫酸和热的硝酸中。部分溶于酒精、汽油、乙醇和松节油中。琥珀的颜色有浅黄、密黄、黄至深褐色、橙色、红色、白色。少见绿色、淡紫色、蓝色。琥珀的原料为树脂光泽，有滑腻感，加工抛光后为树脂—玻璃光泽。琥珀从透明到半透明、不透明都有。在长波紫外线下具浅蓝白色及浅黄色、浅绿色、黄绿色至橙色荧光，从弱到强。贝壳状断口，

绿琥珀观音

蓝珀

韧性差，外力撞击容易碎裂。琥珀与绒布摩擦会产生静电，因此可把细小碎纸片吸起来。琥珀的导热性差，所以琥珀不像其他宝石感觉发凉，而是有温感。

金珀观音

琥珀的内部常常包含有许多包裹物，有一些是肉眼可看见的。内部包裹物主要有动物、植物、气液包体、旋涡纹、杂质、裂纹等。琥珀包含的动物包体主要有甲虫、苍蝇、蚊子、蜘蛛、蜻蜓、蚂蚁、马蜂等，这些动物或是完整的，或是残肢碎片。植物包体有伞形松、种子、果实、树叶、草茎、树皮等植物碎片。琥珀内部常见圆形和椭圆形气泡，其中蜜蜡中气泡最多。旋涡纹多在昆虫或植物碎片周围。裂纹在琥珀中经常可见，而且多被褐色的铁质和黑色的杂质充填，杂质常充填在琥珀的裂隙和空洞中，这些杂质主要是泥土、沙砾、碎屑。

太阳花绿琥珀胸坠

琥珀的盛产地

琥珀产地众多，主要有波兰、德国、丹麦、俄罗斯、多米尼加、美国等。中国有辽宁抚顺、河南西峡、南阳等地。

欣赏琥珀的"美"

天然血珀观音摆件

琥珀色彩美 蜜一样的黄色琥珀华贵大气。纯净、透明的琥珀晶莹剔透、清爽舒畅，让人心绪宁静。内敛幽深的蜜蜡，则质润如玉。红色的血珀，温暖怡人。花琥珀最美，就是一幅抽象画。光彩夺目如钻石的琥珀花，像蝴蝶翩翩飞舞其间。国外的人们称琥珀是"水晶棺"，包裹着植物碎屑和各种远古的小动物，小动物栩栩如生，植物的枝叶，一丝一缕，清晰可见。

绿色虫珀，简单加工

琥珀意境美 千百年来，古今中外文人在文

传说中的琥珀屋

学上对琥珀的歌颂不知有多少。琥珀以其浑然天成的古朴庄重之美，而被誉为"蕴藏古史之宝"。每块琥珀都是独一无二的，拿着放大镜一颗颗地观察和琢磨，小昆虫孤寂和无奈的身影、远古年代的泥土、各种各样的细细小小的植物使人产生无限遐想。琥珀不仅是美丽而高贵的宝石，也是唯一有生命的"活化石"，是一条通往古代神秘世界的时光隧道。它的内部包含的动植物，不但是收藏家的喜好，更具有学术的价值。

世界上最有名的琥珀制品是琥珀屋。

长命吉祥——象牙

象牙的寓意

象牙由于质地细腻温润和特有的牙白色，历来被作为高档饰品，牙雕艺术品也一直是人们喜爱的饰品之一。象的谐音为"祥"，民间传说象牙又具有防毒、辟邪的作用，所以象牙也象征着"长命吉祥"。象牙的长期大量使用，促使人们大量地捕杀大象，使大象濒于灭绝。为了保护这种珍奇动物，维护地球的生态系统，今天已有许多国家禁止进行象牙贸易，大象在国际上被列为一级保护动物。

象牙摆件

象牙雕龙

象牙特征

象牙是象的獠牙，其化学成分是磷酸盐、有机质的胶质蛋白和弹性蛋白组成。象牙一般呈弧形弯曲的角状，从牙尖到牙根逐渐变粗。

象牙皇帝、皇后

但是牙的一半长度几乎是中空的,长度从几十厘米到两米。象牙的横截面是圆形或近圆形,横截面上具有特征的旋转引擎纹理线,即两组交叉纹理线以大于115°或小于65°角相交组成的菱形图案。象牙从横截面上看,从里到外可分为四层:最内层为致密状或空腔;次内层为细交叉纹理线,交角为120°,纹理线间距窄;次外层为粗交叉纹理线,交角124°,纹理线间距较宽;最外层为致密块状或同心层状,很薄,0.5~3mm。象牙的纵切面呈现近于平行的波纹线。象牙的主要颜色是白色、奶白色、瓷白色、淡玫瑰白色,偶见浅金黄色、淡黄色、黄色、褐黄色。

象牙扇子

象牙的稀有产地

象牙主要产于非洲(具体有坦桑尼亚、塞内加尔、加蓬等地),其次还有泰国、缅甸和斯里兰卡。

国礼

1975年8月,柬埔寨领导人访华时赠与毛泽东两颗高1.34m的象牙作为国礼,这两颗成年亚洲象牙硕大、光洁、坚硬。经过加工处理后,其根部用带有花纹的银片包裹,分别嵌入红木座中,成为一件十分精美的、有气势的工艺品。

象牙《童子戏佛》

国礼

温润玉石

玉石之王——翡翠

红色、白色翡翠
《心中有佛》把玩件

翡翠戒指

翡翠壶

翡翠的来历

翡翠也称翡翠玉、翠玉、硬玉、缅甸玉，是玉的一种。翡翠这一名称来源于古代的一种鸟，这种鸟的毛色十分美丽，雄性呈艳红色，称为翡鸟，雌性呈艳绿色，称为翠鸟。由于自然界产出的硬玉多见绿色和红色两种，红色和绿色硬玉的颜色深受东方民族尤其是中华民族的喜爱，于是沿用鸟的名称，红的叫翡，绿的叫翠。渐渐地，"翡翠"这一名词就成为硬玉的名称了。实际上，翡翠主要是由硬玉或硬玉及其他钠质、钠钙质辉石(钠铬辉石，绿辉石)组成的具工艺价值的矿物集合体，可含少量角闪石、长石、铬铁矿等矿物。

翡翠的开采和利用历史较短，最早是在元代引入中国。翡翠作为玉饰品大量使用是在清代，仅有300～400年的历史，但却很辉煌，其荣耀很快超过了软玉。不论是清宫旧藏，还是帝陵的殉葬品中，都有许多精美绝伦的翡翠玉器，清朝翡翠保留到现代的如朝珠、翎管、鼻烟壶、烟嘴等。20世纪90年代以前，翡翠主要为我国香港、台湾地区及新加坡等国的华人收藏佩戴，但民族的文化底蕴导致了富裕了的国人对翡翠喜爱的回归。今天，翡翠也作为5月的生辰石而被人们接受。

翡翠的相关常识

翡翠的矿物组成 翡翠是以硬玉为主的多种矿物的集合体，也就是说硬玉多才是翡翠。翡翠中除了主要矿物硬玉（硬玉是一种辉石类矿物，是钠铝硅酸盐类矿物）外，还含有绿辉石、钠铬辉石及钠长

翡翠《摆财》

石、角闪石、透闪石、透辉石、霞石、霓辉石和磁铁矿等矿物。传统意义上的翡翠是以硬玉占主导地位（占 80%）的集合体。商业中翡翠是一种达到宝石级的硬玉岩或辉石岩的总称，矿物主要有硬玉、绿辉石、钠铬辉石、钠长石等。究竟硬玉的含量是多少算翡翠，没有明确的界限。现在一般折光率 1.66、相对密度 $3.25\sim 3.33 g/cm^3$ 左右的硬玉岩或硬玉辉石岩，只要达到宝石级就定为翡翠。翡翠中硬玉矿物分子式为 $NaAlSi_2O_6$，Na 离子可被 Ca、K 离子替代，而 Al 离子可被 Cr、Fe、Mn、Mg 离子等替代，形成类质同象而不影响翡翠原来的结构。这些杂质元素的替代使硬玉呈现各种颜色，从而具备工艺价值。一般铁离子致色会形成绿色。随着翡翠中的铁含量逐渐增多，翡翠就会出现偏蓝的底色。

钠铬辉石、绿辉石、钠长石是翡翠的主要伴生矿物，随着硬玉岩岩石中的这些伴生矿物的含量变化，翡翠的物理化学性质会发生变化。当钠铬辉石比例高于硬玉占了主导时，翡翠会变得很干涩，就是平时所说的干青。干青种翡翠含铬较高，颜色鲜艳但透明度差，颗粒粗而含有其他如钠闪石等矿物。除了透明度差外，其颜色分布多呈块状或斑状青绿色至深绿色。干青已经不属于狭义上的翡翠了。当以绿辉石的含量为主时，就是油青种的翡翠了。当钠长石的含量占主导时，就变成了钠长石玉，即水沫子。

结构 翡翠常见结构有纤维交织结构、粒状纤维交织结构、粒状结构、糜棱—超糜棱结构。

翠性 翠性实际上是翡翠的解理特性。即硬玉

翡翠雕件

紫色、绿色《保你如意》

翡翠胸花

无色冰种翡翠

颜色浓绿的翡翠

极品翡翠项链，色正、浓、均、阳

玻璃种翡翠《观音》

矿物具有的两组完全解理，在翡翠中出现片状或丝状闪光，俗称"翠性"。在反光下，在翡翠成品中用肉眼或借助放大镜可以观察到，这是鉴定翡翠的一个重要标志。大一点的闪光俗称"雪片"，小一点的俗称"苍蝇翅"。翠性不仅是翡翠基本的、重要的鉴定特征，也是识别翡翠与其他易混的玉石及有关仿制品的重要区别标志。翡翠中硬玉矿物的颗粒大小决定了翠性大小。晶粒大者，翠性大，晶粒小者，翠性小。翠性大的翡翠质地粗糙，透明度差。翠性小的翡翠质地细腻，透明度好。玻璃种、冰种的翡翠一点都看不到翠性，所以购买高档翡翠也应注意，避免看走眼而引起巨大的经济损失。

颜色 翡翠的颜色多种多样，有绿、紫、红、灰、黄、白及黑等色。翡翠的颜色主要取决于硬玉矿物的化学成分，无色和白色硬玉（翡翠）不含或很少含杂质元素。紫色和绿色硬玉（翡翠）所含杂质元素的含量不同，绿色者比紫色者含 Cr、Mg、Ca 高。在众多的颜色中，以绿、紫、红三色为主，它们都是翡翠中的高档颜色，其中尤其以绿色最为艳丽与名贵，紫色和红色次之，其他颜色均较差。

白色 一般白色略带灰、绿、紫、黄或褐，如果种好，如玻璃种、冰种可以加工成戒面或挂件，目前价格都不菲。

绿色 绿色是翡翠的常见颜色，也就是通常所说的"翠"。绿色翡翠由浅至深分为浅绿色、绿色、深绿色和墨绿色，其中以绿色为最佳，深绿色次之。大多数绿色翡翠都或多或少地含有杂色调，杂色调的明显程度影响着翡翠的价格。

翡翠中尤以绿色为最珍贵。在翡翠所有颜色中绿色变化最大，鲜艳的绿色最受中国人喜爱，也最符合中国人的审美情趣和文化心理。近年来珠宝行业界将翡翠的绿色品种总结归纳为以下主要几种：

翠绿：绿色浓艳均匀，透明度高。包括玻璃艳绿、艳绿、玻璃绿、宝石绿、祖母绿等高档次的绿色。

阳绿：黄绿色，好像初春黄杨树的嫩叶，色彩明亮、鲜艳。包括阳俏绿、鹦哥绿、葱心绿等颜色，带有黄色调。

豆绿：色绿如青豆色，此品种最常见。常有"十绿九豆"之说。

菠菜绿：色如菠菜叶，暗绿色。

白地青：白、绿非常分明，绿色很阳，水头差，结构较粗。

青绿：绿中微带青色或青中有绿。包括瓜青和瓜绿。

蓝绿：绿中带蓝色，也即蓝水。

水绿：色浅，较匀。地、色不分的一种淡绿色品种。

江水绿：绿色闷暗，色虽较匀，但有混浊感。

灰绿：绿中带灰。一般质地较粗，水头差。

灰蓝：蓝中带灰。

油绿：暗绿色，绿中带灰蓝色调，不鲜艳。

油青：暗绿色，比油绿更暗，带油脂感。

墨绿：墨绿色，黑中透绿。

蓝花：在浅色的地子上呈斑状或点状分布着蓝绿色，有的水头好，有的水头差。

紫色 可有浅紫色、粉紫色、紫色和蓝紫色，是比较少见的一种颜色。紫色翡翠也称为紫翠，多用来馈赠老人以表祝贺长寿之意。

黑色 翡翠的黑色有两种，一种是深墨绿色，主要是由铬、铁含量高造成的，强光源照射呈绿色；但因颜色太深，在普通光线下成黑色。另一种是深灰至灰黑色，是由所含的暗色矿物杂质造成的，看上去很脏，属于较为低档的翡翠。珠宝界常称黑色部分"脏"或"苍蝇屎"，很少呈大块出现，常呈斑点状。

紫罗兰翡翠《莲心》

黑色翡翠手镯

黄红翡《连年有余》把件

黄、绿、紫三色翡翠（半透明）

黑褐色 又称"狗屎地"色。此色多见于原料的皮壳部分。该品种的皮壳的内部常有好的绿色，因而有"狗屎地出高翠"之说。

黄、红色 属于次生色。翡翠形成后，由于在地表遭受风化淋滤，使 Fe^{2+} 变成 Fe^{3+} 形成赤铁矿或褐铁矿微粒，并沿翡翠颗粒之间的微缝隙慢慢渗入而成。人们常把红色、黄色翡翠称为"翡"、"红翡"或"黄翡"。

组合色 在翡翠的商贸中，人们将翡翠的红、绿、紫、白、黄五色分别寓为福、禄、寿、喜、财。在一块翡翠上同时有几种颜色则都伴有美好的寓意，如春带彩（春花）、福禄寿等。

春带彩：紫色、绿色、白色在一起，紫、绿无形，有春花怒放之意。

福禄寿：红、绿、紫同时存在于一块翡翠上，象征吉祥如意，代表福禄寿三喜。

在自然界中，翡翠的颜色千变万化，丰富多彩。浓艳的绿色、亮丽的红色和柔美的紫罗兰色为人所爱。

硬度 翡翠是多种矿物的集合体，不同硬度的矿物组成的玉石的硬度不同，所以翡翠的硬度有一个变化的范围，为6.5～7。

光泽 翡翠的光泽有玻璃光泽、蜡状光泽。

翡翠的韧性 翡翠的结构多数是纤维粒状结构，所以翡翠的韧性比较好。

透明度 翡翠的透明度为透明到不透明。一般来说翡翠的矿物颗粒越细，则透明度（即"水头"）越好、光泽越强；颗粒越粗，则透明度越差、光泽越弱。

翡翠的主产地

翡翠主要产于缅甸，所以有人也称缅甸玉。

中国四大国宝翡翠

翡翠美丽的颜色、温润细腻的质地、精美的雕工，让人回味无穷。当今中国的四大国宝翡翠——岱岳奇观、含香聚瑞、群芳览胜、四海腾欢，现陈列在北京中国工艺美术馆"珍宝馆"，由北京玉器厂的近40名玉雕大师，利用四块大型翡翠原料，从1982年开始，耗时整整六年时间精雕细刻而成。这四件玉雕作品于1990年获国务院嘉奖和中国工艺美术百花奖"珍品"金杯奖。

紫粉色翡翠葡萄摆件

翡翠景观《岱岳奇观》 图案是五岳之首的泰山，整体以珍贵的翠绿充分表现泰山正面的景色，显示了泰山的雄伟气势和深邃意境。作品以中天门为中心，集中表现十八盘、天街、玉皇顶等主要景观，山脉峰峦起伏，错落有致。并以亭台楼阁、人物、鹤、鹿、羊、小桥、瀑布、溪流等作为近景，展现了玉器制作的精湛技艺。中景的山峰没有过多的琢磨加工，充分表现翡翠质地的美。玉雕件高78cm，宽83cm，厚50cm，重363.8kg。

翡翠坠

翡翠花薰《含香聚瑞》 整个花熏高71cm、宽56cm、厚40cm，重274kg。花熏由底足、中节、主身、盖、顶五部分组成，花熏的主身是以两个半圆合成的圆球体，周围饰以圆雕的龙，集圆雕、深浅浮雕、镂空雕于一体，综合体现了中国当代琢玉技艺无可比拟的高、精、尖水平。

黄色翡翠精品《神龙见首不见尾》

翡翠花篮《群芳览胜》 篮高64cm，花篮中插满牡丹、菊花、月季、山茶等四季香花，花卉枝叶繁茂而富有生气。是当今世界最高大的一个翡翠花篮。这只篮上的两条玉链各40cm长，各含

翡翠景观《岱岳奇观》

32个玉环。体现了玉雕大师高超的技艺。

翡翠插屏《四海腾欢》 整个插屏由四块组成，高74cm，宽146.4cm，厚1.8cm，在拼合后，整件作品不仅平整，而且在接缝处平直一致，严丝合缝。插屏整个画面以中国传统题材"龙"为主题，9条翠绿色巨龙在白茫茫的云海里恣意翻滚，气势磅礴，是当今世界最高大的一个翡翠插屏。翠料质地莹润，作品妙用俏色，将绿色部位设计为龙，以深浮雕的技法精心雕琢，突出绿翠；将白、粉白、浅青色等部位则设计为云彩、水波纹，以浅浮雕的技法雕琢而成，以衬托龙的主题和绿翠。精巧的雕工与翠料中的天然纹理、色彩交相辉映，表现出云、海、龙腾、波涛激荡的意境。

翡翠花薰《含香聚瑞》

翡翠花篮《群芳览胜》

翡翠插屏《四海腾欢》

古老文明的代表——和田玉

和田玉的名称是从于阗玉演化而来的，古代于阗即是现在的和田地区，清代才出现和田的译名。和田玉在矿物学中称为软玉。这个名称是在19世纪中叶中国玉器大量流入欧洲，特别是在1860年英法联军从圆明园劫得大量玉器后兴起的。这些玉器的材质主要是和田玉和翡翠。法国矿物学家德穆尔对这些中国玉器玉质进行了矿物学研究，结果显示和田玉和翡翠的硬度不同。和田玉的摩氏硬度范围是6~6.5，翡翠的摩氏硬度是6.5~7，和田玉比翡翠的硬度略小，于是把和田玉称为软玉，翡翠称为硬玉。并且从此后一直沿用这一名称。

镶宝石白玉精美茶具

青玉茶具

白玉雕《四美图》摆件
（从左到右分别为王昭君、
貂蝉、杨玉环、西施）

和田玉的特征

和田玉又叫软玉，俗称真玉。主要是由透闪石矿物组成，次要矿物有阳起石、滑石、蛇纹石、绿泥石、绿帘石、石英、白云石、磁铁矿等。软玉的矿物颗粒细小，结构致密，常形成毛毡状结构、显微叶片状结构、显微纤维变晶结构、显微纤维状隐晶质结构、显微片状隐晶质结构等。常见为毛毡状结构。颜色有白色、青色、灰色、浅至深绿色、黄色、褐色、黑色等。蜡状光泽、玻璃光泽和油脂光泽。半透明到不透明。韧性大，仅次于黑金刚石。

和田玉资料分类

和田玉根据产出环境分为山料、山流水料、子料。

山料 山料又称山玉，指开采原生矿所得的玉料。山料的特点一般是整个矿体在山上或丘陵地带。开出的料块度比较大，外观呈块状，不规则状，棱角明显，断口或断面呈参差状，有各种颜色，如白玉山料、青白玉山料、碧玉山料等。山料外部可以包有岩石，即石皮。

山流水料 原生矿露出地表后经风化剥离崩落的残坡积或冰川搬运堆积的软玉矿床。一般距原生矿较近，原料呈次棱角状，磨圆度较差，有薄的皮壳，块度较大。

子料 子料又名子玉，指原生矿经地质作用剥离后被流水搬运到河床中的玉石。它分布于河床及两侧阶地中，玉石裸露地表或埋于地下。子玉的特点是块度较小，常为浑圆状、卵石状，磨圆度好，表面光滑，块度大小悬殊。

羊脂白玉佛

和田白玉山子

和田玉

子料在外表可有一层薄的皮壳，皮壳有无色和有色之分。

和田玉颜色分类

和田玉玉质按颜色不同，可分为白玉、青玉、青白玉、墨玉、青花玉、碧玉、黄玉、糖玉和一些颜色过渡的品种。

白玉 白玉的颜色为白色，可略带灰、青、黄等杂色调。有时可带少量糖色或黑色。白玉是和田玉中的高档玉石，块度一般不大，但白玉子玉又是白玉中的上等料，质量好。有的白玉子料经氧化后其表面又带有一定颜色，带有艳丽颜色的子玉是和田玉名贵品种。白玉中质量最好的为羊脂玉，羊脂玉因颜色似羊脂，故名为羊脂玉。羊脂玉质地细腻，光洁坚韧，白如羊脂，颜色柔和均匀，基本无裂绺和其他杂质。目前世界上仅新疆有此品种，产出十分稀少，极其名贵。

青玉茶具

青玉 青玉有淡青色到深青色、灰黄、青黄等色，颜色柔和均匀。一般深青色的青玉油润性最好。青玉的产量最大，经常有大块的料产出。和田玉中青玉最多，肉质细腻的青玉这两年价值也不断地攀升。

青白玉 青白玉以白色为基础色，在白玉中隐隐闪绿、青、灰等，常见

白玉财神

和田青白玉《枫桥夜泊》

墨玉貔貅摆件

青花平安扣

碧玉扇子

有葱白、粉青、灰白等，属于白玉与青玉的过渡品种，和田玉中较为常见。

黄玉 黄玉由淡黄到深黄色，有栗黄、秋葵黄、黄花黄、鸡蛋黄、虎皮黄等色。黄玉十分稀少，在几千年探玉史上，仅偶尔见到，质优者等同于羊脂玉。主要产于新疆若羌。

墨玉 颜色以黑色为主，约占60%以上，墨玉由墨色到淡黑色，其黑色多呈叶片状、条带状聚集，可夹杂少量白或灰白色（占40%以下），颜色多不均匀。墨玉的颜色是由于玉中含有细微鳞片状石墨。有时墨色中含有黄铁矿细粒，呈星点状分布，俗称"金星墨玉"。在整块料中，墨的程度深浅不同，分布的均匀度不同。根据墨色聚集的状态一般有全墨、聚墨、点墨之分。集中的黑可用作俏色。点墨则分散成点，影响料的使用甚至雕刻。墨玉一般是小块的。

青花玉 基底色为白色、青白色、青色、夹杂黑色，黑色占20%~60%，黑色多呈星点状、叶片状、条带状、云朵状聚集，不均匀。

碧玉 碧玉颜色以绿色为基础色，常见有绿、灰绿、黄绿、墨绿等颜色，颜色柔和均匀。碧玉中常含有黑色和蓝绿色点状物，不同产地的碧玉在颜色和矿物成分上略有一些差别，这里不再叙述，在后面各个产地的特征有描述。现在市场上的碧玉价格也不菲。

糖玉 糖玉颜色有黄色、褐黄色、红色、褐红色，类似于红糖的颜色，

糖玉童子戏佛手把件

俏色糖白玉鱼手把件正面

小贴士

糖色是一种次生色,当原生矿暴露于地表或近地表时,由于铁的氧化浸染,颜色可薄可厚,从几厘米到20~30cm,也有叫糖皮。其实不是皮,糖色常将白玉或青玉包围起来,呈过渡关系,糖玉产于矿体裂隙附近。有浓淡之分。一般糖玉中的糖色占到整件玉件的80%以上。如果糖色占到整件玉件的30%~80%时,可定名为糖白玉、糖青玉、糖青白玉等。糖色占到30%以下时,名称中不体现"糖"字。

过渡品种 和田玉还常见许多过渡颜色,或者是两种以上颜色的组合。

产地

软玉在世界上的产地有很多,其中以产于我国新疆和田的质量最好,玉质最为温润。因此有的地质学家称软玉为中国玉,又叫和田玉。这种玉石不仅是中华名族的瑰宝,而且承载着中华名族悠久的历史和文化,所以备受中华民族的青睐。现在在珠宝玉石行业,和田玉这一名称已不具有产地的意义了。目前市场叫和田玉的玉石不仅包括新疆和田产的玉石,还包括世界上其他地方产的软玉。因为到目前为止还没有科学而有效的方法来区分不同产地的软玉,而且每一产地的软玉质量都有高有低,建议大家要注重玉质而不是产地。当然,由于和田玉在我们中华民族心目中的地位是其他产地的玉石无可替代的,所以新疆和田玉的价格一直都高于其他产地的软玉。软玉的产地有中国新疆、加拿大、俄罗斯、中国青海、中国辽宁岫岩等。

中国悠久的玉文化

和田玉影响着中国历史上各朝各代的典章制度,也影响着文学著作,如文学巨著《红楼梦》就是从玉说起,而引出了书中主人公,而且玉与主人公的命运息息相关。人们把玉用在各个方面,从生活、语言到玉文化。"大丈夫宁为玉碎不为瓦全",赞美国人对信念的执著和

《大禹治水图》局部

坚持。玉也常用来形容女子的美貌，如金枝玉叶、金童玉女、亭亭玉立、如花似玉、冰清玉洁。和田玉辉煌的历史、精美的质地、高级别的文化品位、精湛的艺术内涵，以及装饰收藏的增值价值，是任何其他艺术品都无可替代的。中国古代最有名的和田玉雕是清代的玉雕作品《大禹治水图》，通高284cm，藏于故宫博物院。此器重达万斤，造型雄伟，制作历时十年，堪称国宝。

变彩的欧泊

欧泊

各色欧泊

黑欧泊

欧泊之美

早在罗马帝国时代欧泊就为人所知，而且价值极高。据说当时有个人有一块非常漂亮的欧泊，他非常喜爱，统治者安东尼让他献出来，否则将流放他。结果这人选择了流放。由于欧泊具有美丽的变彩效应，很多人认为欧泊石是所有宝石中最漂亮的，就连古罗马的学者普林尼都赞美欧泊：在一块欧泊石上，你可以看到红宝石的火焰、紫水晶般的色斑、祖母绿般的绿海，五彩缤纷，浑然一体，美不胜收。也有人把欧泊的美比喻为画家的调色板。由于欧泊的美丽是独一无二的，因此也是世上最珍贵的宝石之一，也是它作为宝石的主要魅力所在。欧泊被列为10月生辰石。

欧泊体色特征

欧泊是英文OPAL的音译，也称为澳宝。欧泊的主要矿物成分是蛋白石，化学成份是$SiO_2 \cdot nH_2O$，另有少量石英、黄铁矿。它是一种非晶质体。常出现白色、深灰、蓝、绿、棕色、橙色、橙红、红色等多种体色，此外还有变色

白欧泊

火欧泊

欧泊

彩片的颜色。玻璃至树脂光泽。放大观察色斑呈不规则片状，边界平坦且较模糊，表面呈丝绢状外观。有变彩效应，这是欧泊石的鉴定特征。

欧泊根据体色分为黑欧泊、白欧泊、火欧泊、晶质欧泊。

黑欧泊的体色为黑色、深蓝、深灰、深绿、褐色的品种。以黑色最为珍贵，因为变彩的效果最好。黑欧泊出产于澳大利亚新南威尔士州的莱顿宁瑞奇，是最著名和最昂贵的欧泊品种。

白欧泊呈现的是浅色的体色，主要出产在澳大利亚的库伯佩迪。尽管白欧泊不能呈现出像黑欧泊那样对比强烈的艳丽色彩，然而色彩十分漂亮的高品质的白欧泊也时有发现。

火欧泊是一种无变彩或具有少量变彩的透明到半透明的品种，体色为橙色、橙红色或红色。

晶质欧泊是具有变彩效应的无色透明至半透明的欧泊。

黑欧泊是欧泊中的皇族，由于他们的美丽和稀少，价格通常很稳定。黑欧泊也是世界上最高品质的欧泊。尤其是艳丽的红色变彩呈现在黑色背景上是最具价值的。红色欧泊最昂贵，然后是橙色、黄色、绿色、蓝色，总之，光彩夺目的欧泊就是最好的。

产地

澳大利亚是欧泊的主要出产国，其中新南威尔士以产优质黑欧泊最为著名。墨西哥以产火欧泊和晶质欧泊而闻名。此外，巴西、美国也产欧泊。

镶钻欧泊戒指

品种繁多的玉石——石英质玉石

黄玉髓《和合二仙》

石英岩玉雕件（东陵石）

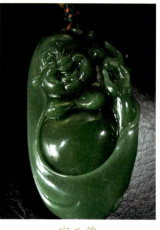

密玉佛

石英质玉石是以 SiO_2 为主要成分的玉石，在自然界品种繁多，产地较广，几乎世界各地都有。石英质玉石按照结晶矿物颗粒的大小分为显晶质、隐晶质、非晶质。显晶质石英质玉石矿物颗粒大小通常小于 1mm，肉眼或用十倍放大镜可以看到颗粒；隐晶质石英质玉石则颗粒更小，用十倍放大镜看不到颗粒，只有用显微镜才能看到；非晶质主要指无矿物结晶体，如天然玻璃。常见的显晶质石英质玉石有东陵石、密玉、贵翠、京白玉等品种。常见的隐晶质石英质玉石有玉髓、玛瑙、木变石（虎睛石）、硅化木（树化玉）。

东陵石 东陵石的化学成分主要是 SiO_2，矿物成分主要为石英，次要矿物为铬云母，铬云母呈细小的鳞片状，且大致定向排列，分布比较均匀，这些定向排列的片状矿物在阳光的照射下，呈现一种闪闪发光的砂金石效应。此外含有微量的蓝线石、矽线石、金红石、赤铁矿、锆石等。东陵石呈鲜艳的油绿、碧绿色，粒状结构，玻璃光泽，半透明至微透明。性较脆，质地致密、细腻、坚韧、光洁。随着内部所含矿物颜色的不同呈现不同的颜色。含绿色铬云母的东陵石为绿色（我国新疆的绿色东陵石内的绿色矿物是纤维状阳起石）；含蓝色蓝线石的称为蓝色东陵石；含紫色锂云母的称为紫色东陵石。

世界上出产东陵石的国家主要是印度，其翠绿色品种有"印度翡翠"之称。另外，西班牙、巴西、智利、美国等也有东陵石发现。中国已在新疆发现东陵石，当地称之为"新疆东陵石"。

密玉　密玉，蓝绿色、绿色，产自河南省密县而得名。密玉主要由石英、绢云母组成。

贵翠　绿色，一种含绿色高岭石的细粒石英岩玉，因产于贵州省亦称"贵州玉"。

京白玉　京白玉是白色质纯的石英岩玉，因最早用的玉料来至北京郊区而得名。

玉髓　玉髓是地壳里分布最广的石英隐晶质品种之一。呈团块状、皮壳状、钟乳状、块状产出，矿物颗粒极细，甚至在普通显微镜下也不易看清。颜色有乳白色、黄色、葱绿、苹果绿、暗绿、蓝、鲜红、深红、红褐等色，其中以绿色及蓝色最美。玻璃光泽至蜡状光泽，微透明至半透明。质地致密坚硬。

台湾蓝玉髓

红玉髓

玛瑙雕件

玛瑙　玛瑙是有条带状花纹的一种玉髓。玛瑙区别于玉髓的一个很重要的标志就是它自己有花纹，尤其是具有同心层纹状或层带状花纹，而玉髓则没有。玛瑙由于纹带美丽，是人类最早利用的宝石材料之一。古代的"七宝"之一就有玛瑙。当时玛瑙是价值相当高的罕见之物，人们以"珍珠玛瑙"表示富贵。现在由于发现原料很多，玛瑙饰品很为常见，但仍属好玉料。玛瑙的颜色极为丰富，有"千种玛瑙万种玉"之说。雕制成俏色工艺品价值很高。玛瑙按颜色划分为红玛瑙、紫玛瑙、黑玛瑙、白玛瑙等，其中以红色和蓝色为珍贵之色。还有含有苔藓状、树枝状杂质的苔

玛瑙螃蟹

虎睛石手串

藓玛瑙，含有水等液体的水胆玛瑙，具有晕彩效应的火玛瑙。

木变石　木变石是保留了石棉纤维状构造的石英集合体，因为它的颜色和纹理与树木十分相似而得名。木变石是岩石中蓝色或绿色纤维状石棉被酸性热水溶液交代，石棉中的铁和镁析出，形成的纯SiO_2的集合体。这种硅化石棉如果成为一种玉料，则称之为木变石。木变石的质地细腻，具强的丝绢光泽，不透明，韧性较好。木变石的主要品种有两个：虎睛石与鹰眼石。颜色是由石棉中析出的铁质沉淀在纤维状石英颗粒孔隙中间造成的。颜色分别为黄褐色、灰蓝色。

硅化木

黑曜石手串

硅化木　硅化木是一种与树木有关的玉石，是几百万年或更早以前的树木被迅速埋于地下后，被地下水中的二氧化硅交代，并保留了其木质结构外观的木化石，又称树化玉。简单地说，树化玉就是树变成的玉，树化玉的外形是树，内质是玉。矿物组成主要为玉髓，含有蛋白石、方解石、白云石、褐铁矿、黄铁矿等。颜色有浅黄、黄、黄褐、棕、黑、灰、白、红等色。半透明至不透明。非均质集合体或均质体集合体。有的树化玉只要稍加琢磨便可成为精美绝伦的艺术品。树化玉以坚硬的质地、奇特的造型、丰富的色彩、独特的纹理为艺术家们拓展了艺术雕刻的材料和品种。

黑曜石　黑曜石是一种天然玻璃，为火山溶岩迅速冷却后形成的。黑曜石通常呈黑色、褐色、灰色、黄色、绿褐色、红色等。颜色不均匀，常带有白色或其他杂色的斑块和条带。主要化学成分为氧化硅，此外还含有三氧化二铝、氧化铁等。断口呈贝壳状。透明至不透明。

分布最广的玉石——蛇纹石玉

蛇纹石玉简介

蛇纹石玉是人类最早认识和使用的玉石品种,在中国距今7000年的新石器文化遗址中出土了大量的蛇纹石玉器,是我国历史悠久、产量最大、产地最多、应用最广泛的玉石品种。蛇纹石玉的主要矿物成分是蛇纹石,次要矿物成分有方解石、滑石、磁铁矿、白云石、菱镁矿、绿泥石、透闪石、透辉石等。由于次要矿物的含量变化很大,对蛇纹石的质量有非常大的影响。蛇纹石常以细粒叶片状或纤维状隐晶质集合体状态出现。颜色为无色至黄绿色、绿色、深绿色、灰黄色、白色、棕色、黑色及多种颜色的组合。蜡状光泽至玻璃光泽,透明—不透明。

产地

蛇纹石玉是自然界中分布最广的玉石,在不同的产地都分别有不同的名称。如甘肃的酒泉玉、广西的陆川玉等。其中辽宁的岫岩玉是最为著名的,而且是一种古老的玉料。世界上出产蛇纹石玉的国家主要有中国、阿富汗、朝鲜、美国、新西兰、墨西哥等。

岫玉岁寒三友摆件《俏雕喜鹊》

岫玉雕件《恭喜发财》

岫玉雕件《寿桃》

娇艳的绿松石

神奇的绿松石

波罗的海琥珀绿松石套饰

绿松石也称为"松石",因其形状似松球,颜色近松绿而得名。绿松石的英文名称为Turquoise,意思是土耳其石。其实土耳其根本不产绿松石,而是由于古代波斯产的绿松石要经土耳其运进欧洲而得名。绿松石是深受古今中外人士喜爱的古老玉石之一。传说绿松石是女娲补天的七彩石之一。早在新石器时期就为人们所饰用。在古埃及、古墨西哥、古波斯,绿松石被视为神秘、避邪之物,当成护身符和随葬品。距今6500~4000年的河南郑州大河村仰韶文化遗址出土的文物中,就有两枚绿松石鱼形饰物。中国甘肃永靖大河庄出土有距今3800年的绿松石20枚。在5000年前埃及皇后(Zer皇后)木乃伊的手臂上,戴有4只绿松石包金手镯。1900年挖掘时,饰品依然光彩夺目,堪称世界奇珍。绿松石是国内外公认的"12月生辰石",代表胜利与成功,有"成功之石"的美誉。

绿松石耳钉

绿松石相关常识

绿松石制品颜色美丽,深受中外人士所喜爱。绿松石玉石的主要矿物成分是绿松石,此外埃洛石、高岭石、石英、云母、褐铁矿、石英等,高岭石、褐铁矿、石英的加入直接影响着绿松石的品质。绿松石是铜和铝的磷酸盐矿物集合体,以不透明的蔚蓝色最具特色,

优质的绿松石戒

因此也叫绿松石色。也有淡蓝、蓝绿、绿、浅绿、黄绿、灰绿、苍白色等色。绿松石质地不均匀，颜色有深有浅，常含浅色条纹、斑点以及褐黑色的铁线。绿松石原石的外表状态通常呈块状或皮壳状隐晶质集合体，蜡状光泽，高品质的绿松石硬度高，有灰白色、灰色、黄色。多孔隙的绿松石硬度较低。优质绿松石经抛光后好似上了釉的瓷器，故称为"瓷松石"。

产地介绍

我国是绿松石的主要产出国之一。湖北郧县、陕西白河、河南淅川、新疆哈密、青海乌兰、安徽马鞍山等地均有绿松石产出，其中湖北郧县、郧西、竹山一带为世界著名的优质绿松石产地，伊朗、埃及、美国、墨西哥、阿富汗、印度及原苏联等国是著名的绿松石产地。

富有的标志——青金石

青金石珊瑚朝珠（清朝）
（翡翠佛头，珊瑚捻子，碧玺角坠）

青金石文化传说

青金石是古老的玉石之一。早在 6000 年前即被中亚国家开发使用。我国则始于西汉时期，当时的名称是"蓝赤"、"金螭"、"点黛"等。它以其鲜艳的蓝色赢得东方各国人民的喜爱。青金石既可作玉雕，又可制首饰。

在古埃及，青金石与黄金价值相当。在古印度、伊朗等国，青金石与绿松石、珊瑚均属名贵玉石品种。在古希腊、古罗马，佩戴青金石被认为是富有的标志。青金石因"其色如天"，又称"帝青色"，很受古代帝王青睐，常随葬于墓中。明、清帝王较看重青金石，现在保存在故宫博物院的两万余件清宫藏玉中，就有青金石雕刻品。青金石在穆斯林国家被当做为"瑰宝"。青金石颜色端庄，易于雕刻，至今保持着一级玉料的声望。人们还相信青金石可以治疗忧郁症及间歇性发烧症。青金石

青金石雕件

还被用作绘画颜料。青金石属于佛教七宝之一。青金石既可作玉雕,又可制首饰,是我国自古以来进口的传统玉料。

青金石的特点

青金石玉石主要由青金石矿物、方解石、黄铁矿等矿物组成,有时也出现少量的透辉石等。青金石不透明,多呈致密块状,粒状结构。颜色为深蓝色、紫蓝色、天蓝色、绿蓝色等。如果含较多的方解石时有白色条纹,含黄铁矿时就在蓝底上呈现黄色星点,带有强的金属光泽,可能青金石中的"金"的来源就在于此。青金石呈玻璃光泽到蜡状光泽,断口参差状。在长波紫外光照射下具有无至中等的绿色或黄绿色、红褐色荧光。滤色镜下呈淡红色,遇盐酸缓慢溶解。

产地

世界上著名的青金石产地有阿富汗、智利和加拿大等地。阿富汗所产青金石有着均匀的深蓝至天蓝色,极细粒的隐晶结构中夹杂微量的黄铁矿。

青金石饰品

青金石雕件

儿童的护身符——孔雀石

孔雀石文化概说

孔雀石是一种古老的玉料,早在4000年前,古埃及人就把孔雀石作为儿童的护身符。在中国古代称其为"绿青"、"石绿",在殷商时

代就有孔雀石石簪工艺品。孔雀石不仅是一种漂亮的宝石，而且是一种漂亮的装饰材料，如壁炉和桌面镶嵌等。俄罗斯人把孔雀石用作建筑物内部装饰材料，其中列宁格勒的圣·伊萨克大教堂的大圆柱上就镶着孔雀石。今天孔雀石是5月5日的生辰石。

孔雀石

孔雀石的特征

孔雀石由于颜色酷似孔雀羽毛上绿色斑点的颜色而获得孔雀石的美称。孔雀石是一种含铜碳酸盐的蚀变产物，所以孔雀石常与蓝铜矿等矿物共生在一起。结晶状态为钟乳状、块状、皮壳状、结核状和纤维状集合体。具同心层状、纤维放射状结构，颜色为绿色、孔雀绿、暗绿色等，具有色彩浓淡形成的条带状花纹，丝绢光泽或玻璃光泽，这种独一无二的美丽是其他任何宝石所没有的。孔雀石不透明。性脆，贝壳状至参差状断口，遇盐酸起反应。它的韧性差，很容易碎，害怕碰撞。孔雀石不能接触酸性物质，很容易损伤表面光泽。

孔雀石原石

产地

世界著名产地有赞比亚、澳大利亚、纳米比亚、俄罗斯、扎伊尔、美国等地区。中国的孔雀石产地主要在湖北。

孔雀石项链

孔雀石花瓶

南阳之玉——独山玉

独山玉简介

独山玉因产于河南南阳独山而得名,又名"南阳玉"、"独玉"。南阳玉玉质细腻柔润,色彩斑驳陆离,是工艺美术雕件的重要玉石原料,也是南阳著名特产,是中国四大名玉之一。高档的翠绿色独玉与翡翠非常相似,所以也有"南阳翡翠"的美称。早在6000年以前,古人就已开采独山玉,在安阳殷墟妇好墓出土的玉器中,有不少独山玉的制品。西汉时曾称独山为"玉山"。

认识独山玉

独山玉是一种蚀变斜长岩,主要组成矿物是斜长石和黝帘石,次要矿物为铬云母、透辉石、绿帘石、透闪石、绢云母、黑云母、榍石、橄榄石、石英等。蚀变作用以黝帘石化、绿帘石化和透闪石化为主。由于玉石中含各种金属杂质离子,所以玉质的颜色有多种颜色,常见的颜色有白、绿、紫、黄、红、黑等色,以绿、白、杂色为主,也见有紫、蓝、黄等色。一般一块玉料多由2种以上颜色组成。放大观察有蓝色、蓝绿色或紫色色斑,颜色不鲜艳。独山玉的化学成分变化大,随着组成矿物含量的变化而变化。独山玉以细粒状结晶为主;颗粒比较细,粒径小于0.05mm,隐晶质,质地细腻,坚硬致密。透明至半透明,玻璃或油脂光泽。

独山玉印章

独山玉雕件

褐色、黄色、绿色独山玉山子

认识几种不常见的玉石

美丽而神奇的萤石

萤石又称氟石，是一种氟化钙矿物。由于萤石在紫外线或阴极射线照射下常发出荧光，因此得名。萤石的颜色非常丰富，常见颜色有绿、蓝、棕、黄、粉、紫、无色等，而且常见多种颜色共存在一块萤石上。玻璃光泽至亚玻璃光泽。透明到半透明。等轴晶系，常呈立方体、八面体、菱形十二面体及聚形，也可呈条带状致密块状集合体。在阴极射线或紫外光照射下，一般具很强荧光。部分萤石在受热情况下发出磷光，如白天经过太阳的暴晒后，在夜晚就发光。放大观察有色带，两相或三相包体，有变色效应。

萤石海豚

萤石原石

黄色萤石

世界上宝石级的萤石主要分布于美国、哥伦比亚、加拿大、英国、纳米比亚、奥地利、瑞士、意大利、德国、捷克、俄罗斯、西班牙等。我国是萤石的出产大国，浙江、湖南、福建、内蒙古等地都有萤石产出。

糖果般的菱锰矿

菱锰矿是碳酸盐矿物常含有铁、钙、锌等元素，并且这些元素往往会取代锰，因此，纯菱锰矿很少见。菱锰矿通常为粒状、块状或肾状等集合体。颜色为红色，玻璃光泽。如果晶粒大，则为透明到半透明。颗粒细小、半透明的集合体则可作玉雕材料，也叫红纹石。菱锰矿属三方晶系，完整的菱面体晶形少见。具完全的菱面体解理。

菱锰矿主要产于阿根廷、澳大利亚、德国、罗马尼亚、西班牙、

菱锰矿与水晶晶簇

镶钻菱锰矿戒指

水滴形菱锰矿

南非等地,中国辽宁瓦房店、北京密云等地也有产出。

葡萄石

葡萄石,英文名称是prehnite,常用来仿水头极好的翡翠,是一种硅酸盐矿物,葡萄石常见的颜色为绿色,但总体来说是绿色为主,带黄色或者灰色调,也有深绿、白、黄、红等色,透明和半透明都有,原石的形状有板状、片状、葡萄状、肾状、放射状或块状集合体。

主要产地有法国、瑞士、南非、美国新泽西州等。

苏纪石

苏纪石,一种稀有宝石,于1979年在南非发现,因此被誉为南非宝石,也作为2月份的生辰石。苏纪石的矿物名称为硅铁锂钠石,颜色为深浅紫与紫红色、蓝紫色,少见粉红色。深紫色体色是主

葡萄石原石

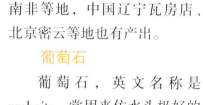
葡萄石戒指

苏纪石发饰

苏纪石项链坠

苏纪石项链

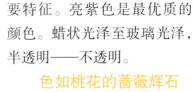

要特征。亮紫色是最优质的颜色。蜡状光泽至玻璃光泽，半透明——不透明。

色如桃花的蔷薇辉石

蔷薇辉石是一种硅酸盐矿物，由于颜色粉如桃花，在我国也称为粉翠或桃花玉。这种宝石以特有的粉红色而受到人们的喜爱。蔷薇辉石晶体呈厚板状或板柱状，一般呈粒状或块状集合体出现。

苏纪石手镯

蔷薇辉石雕件

颜色为浅粉红至玫瑰红色，表面氧化后也常常出现黑色的锰的氧化物、氢氧化物薄膜。玻璃光泽。

世界著名的产地有美国马萨诸塞州、瑞典、俄罗斯乌拉尔、澳大利亚新南威尔士。我国北京昌平出产较优质的蔷薇辉石，江苏、四川、青海也有产出。

蔷薇辉石首饰

蔷薇辉石戒面

贵 金 属

贵金属主要是指金、银和铂族金属（钌、铑、钯、锇、铱、铂）等金属元素。这些金属大多数拥有美丽的色泽，对化学药品的抵抗力相当大，一般用来制作珠宝等纪念品。

黄金的多种功用

金是人类发现最早的金属之一，也是对人类诱惑力最大的金属。早在新石器时代，人类就已发现并利用黄金。数千年来，黄金一直被看做财富和高贵的象征，人们对它的喜爱是没有国界、没有种族差别的。由于黄金价值高、体积小、易储存，最开始作为货币使用。黄金饰品雍容华贵，金光闪闪，后来作为珠宝首饰佩戴。今天黄金不仅是大众的首饰品和工艺品，而且用作国际储备，具有很好的金融避险功能。

黄金的特点

黄金是一种贵金属，化学符号为 Au，纯金的颜色为草黄色，但掺入一定量的不同的其他金属后颜色则发生变化：含铜的合金呈暗红色，含银合金呈浅黄色或灰白色。在纯金上用指甲都可划出痕迹，这种柔软性也使得黄金非常易于加工。然而这一点对装饰品来说，又很不理想，因为这样很容易使装饰品被刮伤或磨损，使其失去光泽以至影响美观。因此，为了加大黄金的硬度，在黄金中加入其他一些金属来作为镶嵌宝石的金，这样就克服了纯金

黄金摆件

千足金《白菜》

软而不耐磨和容易变形的缺点，而且镶嵌好的宝石也不容易丢失。黄金密度大，手感沉甸。常说"真金不怕火炼"，是说一般火焰下黄金不容易熔化，其熔点较高，为 1063℃，沸点为 2808℃。黄金具良好的延展性，能拉成金丝和压成薄箔。金具极高的传热性和导电性。金的

化学性质非常稳定，具有很强的抗腐蚀性，在任何温度下一般均不氧化，也不与盐酸、硝酸、硫酸起反应，但在王水、碘化钾、氰化钾、饱和溴水等化学溶剂中溶解。

自然金

黄金之美在于纯金有着极好看的草黄色和耀眼的金属光泽，金黄色之美可与太阳相比。黄金的延展性和可锻性极强，1g金可以拉成4km长的金丝，而且可以造成极薄易于卷起的金片，因此我们可以看到黄金可以塑造出非常美丽的工艺品。

黄金形成不易

在自然界中是见不到纯金的，金在地壳中丰度值很低，又具有亲硫性、亲铜性、亲铁性、高熔点等性质，因此要形成工业矿床、大矿、富矿，金要富集上千倍、几万倍，甚至更高。可见形成规模巨大的金矿，一般要经历相当长的地质时期及多次成矿作用。

铂 金

铂金方形戒

铂金特点

铂金，人们也常称为白金。它比黄金、白银等更加稀少和贵重。因此铂金的价格在市场上比黄金要高。纯净的铂金呈银白色，金属光泽。硬度为4～4.5，相对密度为21.45g/cm³，延展性强，可拉成很细的铂丝，轧成极薄的铂箔。强度和韧性都很高。熔点高达1773.5℃。导热、导电性能好。化学性质极其稳定，不溶于强酸、强碱，在空气中不氧化。由于铂金产出稀少，价格昂贵，加上熔点高，因而一般国家很少用铂金来生产真正的K白金。

铂金的纯度

铂金首饰的纯度通常有Pt850、Pt900、Pt950、Pt990或Pt999(千足

铂)。铂金首饰没有 18K 或 750（即 75%）纯度。白色金属不一定都是铂金，购买铂金要认准 Pt 标志！纯铂金是指含铂量或成色最高的铂金。铂金的强度是黄金的两倍。纯铂金常用于制作订婚戒指，用来镶嵌钻石，以表示爱情的纯贞和天长地久。

时尚铂金女戒

白银

麒麟吊坠

小孩带的银锁

白银概说

白银和黄金一样，也是金属中的"贵族"，被称为"贵金属"。人类发现和使用银的历史至少已有两千年了。最早白银也是被用来作为货币和饰品。美丽的银白色的金属，被誉为月亮般美丽的金属。在人类历史上，银饰文化源远流长，直到今天还是人们喜爱的装饰品，人们用银镶嵌各种低档宝石来满足不断变化的需求，再加上一些仿旧的技术处理，形成别具一格的质感和色泽，让人感受到这类首饰的粗犷和古朴。

白银的特点

纯银是一种美丽的银白色的金属，银的化学符号 Ag，它具有很好的延展性，其导电性和传热性在所有的金属中都是最高的。相对密度为 $10.53g/cm^3$，摩氏硬度为 2.7，有杀菌和防毒的功效。银是一种活跃的金属，容易与空气中的硫起化学反应而变黑。

银的纯度及标志

在银的饰品中，银的纯度用千分数表示，市场上常见的有 925 银、800 银、980 银、990 银和 999 银。纯银又称纹银，纯银的成色一般不应低于 99.6%。目前现有的科学能够提炼的最高纯度为 99.999% 以上，而低于这个级别的，含量大于等于 99% 的白银，我们称做足银。

银碗

由于990足银和999千足银过于柔软并且容易氧化,925银就被国际公认为纯银,是纯银最低标准。

80银又称为潮银,英文标识为800S,表示含银量80%、含紫铜20%的首饰银。这种色银硬度大,弹性好,适宜制作手铃、领夹、帽花、餐具、茶具、烟具或首饰上的扣、弹簧或针等类。

92.5银英文标识为925S,表示含银量92.5%、含紫铜7.5%的首饰银。这种色银既有一定的硬度,又有一定的韧性,比较适宜制作戒指、别针、发夹、项链等首饰,而且便于镶嵌宝石。

98银英文标识为980S,表示含银量98%、含紫铜2%的首饰银。这种色银较之纯银和足银质地稍硬,多用于制作首饰。

990银足银、999千足银英文标识分别为S990,S999,这类银饰是所有银饰中纯度最高的,由于最为柔软,一般都用做手镯或较大的戒指等传统工艺银饰。

钯 金

钯金,与铂金一样是铂族元素中的一员,元素符号Pd。外观与铂金相似,呈银白色金属光泽,相对密度为$12g/cm^3$,轻于铂金,延展性强。熔点为1555℃,硬度4~4.5,比铂金稍硬。化学性质较稳定,不溶于有机酸、冷硫酸或盐酸,但溶于硝酸和王水,常态下不易氧化或失去光泽。钯金是世界上稀有的贵金属之一,与铂金、黄金、银同为国际贵金属。

钯金戒